做一个
有备而来的
强者

小城青空/著

北京工艺美术出版社

图书在版编目（CIP）数据

做一个有备而来的强者/小城青空著. — 北京：北京工艺美术出版社，2018.3

（励志·坊）

ISBN 978-7-5140-1222-4

Ⅰ.①做… Ⅱ.①小… Ⅲ.①成功心理—通俗读物 Ⅳ.①B848.4-49

中国版本图书馆CIP数据核字（2017）第041337号

出 版 人：陈高潮
责任编辑：贾德江
装帧设计：天下装帧设计
责任印制：宋朝晖

做一个有备而来的强者

小城青空 著

出 版	北京工艺美术出版社	
发 行	北京美联京工图书有限公司	
地 址	北京市朝阳区化工路甲18号	
	中国北京出版创意产业基地先导区	
邮 编	100124	
电 话	(010) 84255105（总编室）	
	(010) 64283630（编辑室）	
	(010) 64280045（发 行）	
传 真	(010) 64280045/84255105	
网 址	www.gmcbs.cn	
经 销	全国新华书店	
印 刷	三河市天润建兴印务有限公司	
开 本	710毫米×1000毫米 1/16	
印 张	18	
版 次	2018年3月第1版	
印 次	2018年3月第1次印刷	
印 数	1~6000	
书 号	ISBN 978-7-5140-1222-4	
定 价	39.80元	

CONTENTS

目 录

你的努力值得你拥有想要的一切

CONTENTS

你不甘堕落，却又不思进取

目 录

想要走向人生巅峰，就要足够强大

CONTENTS

不要忘了让自己修修身养养性

你的努力
值得你拥有
想要的一切

我们用自己的双手，尽自己所能，

抓住自己想要的，然后笑得踏实，

睡得香甜，何乐不为！

{你的努力让你的拥有更踏实}

大家聚餐，庆祝一个学弟找到理想的工作。

席间学弟说，去某地产公司面试的时候，公司的面试官直接摆明：我跟你们交大学生的气场不合，所以抱歉。

学弟把这件事当笑话讲，我们也当笑话听。没有人义愤填膺地吐槽这位面试官如此任性地把自己的偏见带到工作中去。

学弟说，这没什么，每个人都有喜好。在他可以任性的时候任性，也许改变了别人的生活轨迹，但是又能指责什么呢。他只是不想为难自己，碰巧他有这个机会而已。而这个机会，是他早年努力争取的。

这个调子跟蔡康永曾说过的"消极的幸福标准"有相似之处。努力积累说"不"的权利，甚至偶尔在工作中"任性"的遵从自己的个人喜恶，开心就好。

想起一个人，当年在上海实习时，给我很多指教的小组长。那时候我二十一岁，一开始对这么一个打扮时髦，布置任务时一脸严肃的小组长有一点怕。

后来接触多了，害怕转变成了崇拜。她似乎是我眼中职业女性的典范，年轻漂亮，工作尽责，开会干练，聊天温柔，举止得体，气质优雅。

她加班到深夜回家，第二天依然按时出现在办公室，神采飞扬；汇报方案、去工地、招待甲方，事事做得无可挑剔；喜欢瑜伽就拿到了瑜伽教练的证书；空闲时间写字画画，还练就一手好厨艺；而且还有时间指教我这个还没毕业的实习生，顾得上叫我去她家吃饭，也顾得上跟我谈心说说学生阶段的迷茫和伤感。

那时她刚结婚，她很少晒幸福。不过我猜想，那么努力的人，运气不会差到哪里去。

在离开上海之前，我问她怎样才能像你一样获得从容生活的资本。

她笑了，给我讲了很多。现在我记不清楚她说了什么，但是我明白一件事：没有无缘无故的从容，也没有无缘无故的好运，想要的生活就在手边，能抓到什么，看你自己。

那一年，她和现在的我一样大。

后来她辞掉了工作，做了独立策展人。还是一如既往地在我仰望的高度。偶尔聊天，她依然会鼓励我："你这么认真，再过几年会比我更从容。"

现在她微信头像是她四岁的女儿，头像下面，还是那一句话：努力不是为了别的，就是为了自己开心。

为什么要努力？

这是一个没有标准答案的话题。时常想起一个闺蜜的回答：

想吃面的时候，不用吃米饭；

想睡觉的时候，不必硬撑着；

想离开的时候，不需要留下，

这单纯的幸福，就是努力的意义。

小时候也许会以为可以努力去改变世界，长大后也许会想到努力成为Someone，在某个时候，也许会对某个或者某些熟悉的人说，我这么努力都是为了你们。

其实经历过一些事，慢慢接受了现实和理想之间总是会有不可跨越的落差，就会想明白，再辉煌的理想，再闪亮的梦想，努力的意义也只不过落实到一个"心安"——心里踏实，脸上有笑；在选择的时候，不为难自己。

闺蜜毕业后只身前往香港工作半年之后，约了一起吃饭。

"我喜欢拿到别人的联系方式，而不是留下自己的联系方式等对方联系；让自己站在优秀的行列里比想着怎么去讨好优秀的人更重要；懂得为自己的生活做好备份，而不是等意外出现的时候无能为力。任何时候，把握主动权，没有错。"

这是一个女孩子在温柔的灯光下，轻声分享给我的感悟。她不是一个要强的女子，她跟很多小女生一样笑点低泪点低，喜欢撒娇，也偶尔任性。

这是一个经历过男朋友背叛甚至想过结束生命的女孩，如今可以底气十足地挽着老公的胳膊，笑靥如花；也可以满满自信地坐在会议桌旁，侃侃而谈。

这是一个曾经沉浸在爱河里只负责"貌美如花"、生活里以"逛/吃"为主的女孩，现在比任何一个同龄人都努力。她说努力变得更好，不是为了别人，只是为了在需要选择的时候，不为难自己，也不为难别人。

努力让自己变得更优秀，是自由的筹码，是给自己创造还可以选择的资本。每个人都是如此。

面试官因为自己的喜恶把你拒之门外，相处五年的女朋友会说没有安全感而离开，有人就是讨厌你不愿意跟你做朋友……生活总有那么多的突如其来，其实归结起来只是对方的"不乐意"，然后行驶了自己的"主动权"。

她们不想为难自己，做了可以让自己更愉快的选择，跟一个员工，一个恋人，一个朋友相比，她们更爱自己，仅此而已。那是她们点点滴滴的努力积累起来的资本，离开你她们还有机会，自己会更舒心。每个人都有自己选择的权利，人说来说去都是更爱自己的。

如果你足够自信，你不会因为错过这一次面试而遗憾沮丧；如果你足够优秀，曾经的女神都有可能不再是女神；如果你足够靠谱，总会聚集起来一群志同道合的朋友。

解决很多问题的办法只有一个，努力让自己变得更优秀，让每一次擦肩而过，都是主动选择，而非不得已。

所有的努力，不过是为了不为难自己。在想要奔跑的时候，不会被自己磨脚的鞋子羁绊；在想要休息的时候，可以找到一个温暖的去处。

再扩大一点，在谈感情的时候，不会受物质和空间的限制；在谈友情的时候，不受利益和权术的影响；在谈亲情的时候，可以不受距离和金钱的困扰……

即使我们想要的和能要的，总是有一个落差；即使生活不只有诗意和远方，还有眼前的苟且，我们还可以努力，让未来的自己在苟且面前可以少一点苟且，在选择面前可以少一点为难。在长长的人生路上，让灵魂扛着皮囊，一路高歌，用自己喜欢的节奏哼着自己喜欢的调调。

一直觉得，人成熟的标志之一，是学会勇敢，这种勇敢不是什么都不怕，而是对生活怀有敬畏之心。

站在更高更远的地方看待自己拥有和想要的一切，意识到自己的渺小，就不会认为一切是理所当然。以后不管经历什么样的际遇，都会饱含热情，带着某种信念，努力向前。正如罗曼·罗兰所说，生活只有一种英雄主义，就是看清生活的真相之后，依然热爱生活。

曾感动于伊心文章里的一段话：为什么要努力？我想，是因为这世上有那么多就算你努力了也无法掌控的东西，比如你痛寐思服的那个人的心，比如父母渐渐老去的容颜，比如时间如流沙一般无可挽回的逝去。所以，对于那些努力了便能扎扎实实握在掌心的信息，为什么不珍惜为什么不争取呢？

我们用自己的双手，尽自己所能，抓住自己想要的，然后笑得踏实，睡得香甜，何乐不为！

{ 努力让你的
选择成为正确 }

前几天收拾东西，从柜子里掉出来一摞汇款单。汇款单用曲别针别着一百多张，最上面的一张用钢笔写着"这就是成长啊！"下面签着我和一个叫Lily的女孩的名字。我坐在地上，翻着每一张汇款单，一页页看。那是我大三第一次正式的实习，和一个叫lily的实习生一组。我们从来没有填写过汇款单，里面的很多要求我们不知道，比如数字的汉字要大写，每个字之间不能有空隙等，越是严格，就越是紧张，然后我们写一个错一个，写了100多张才写好那么几个人。记得当时老板拿着一摞废掉的汇款单跟我们说："保存起来，五年之后再翻出来看看，这就是你们的成长。"

我真的很乖地保存下来了。那份实习我做了六个月，和Lily一起，一起中午吃便宜的午餐，一起互帮互助写每一份文案和策划，一起战战兢兢去财务部领1200块钱的工资还要看财务的脸色。那时候的我，每天要坐两小时公交车上班，再坐两小时公交车下班，那时候一天的公交费2块钱，地铁费要10块钱，不舍得坐地铁，只能坐公交车神游三环一大圈。Lily是外地高校的学生，实习期间住在当时的男友家。男友和父母住在一起，在北京胡同的平房里。她不怎么习惯平房，也不习惯对方的父母，大夏天有时候洗澡都困难，做什么事情都小心翼翼。相比我的远，她的寄人篱下更让人觉得难受，因此上班时间就是她最开心的时间了。Lily是个很美的姑娘，大长腿，模特身材，清新的感觉跟江一燕差不多，那时候的我们对未来都没什么明确的打算，她在学GRE考托福想去美国读研究生，我在想是留在这家公司转正还是申请一家更好的公司去实习。我清楚地记得，我们都不知道未来，但谁都不迷茫。我们每天都特别开心，傻乐傻乐的，尽管我们穷，我们也土土的，我们干活多时间长还经常被当作劳力去跑腿做杂事，但真的没人抱怨什么。

我们在一起度过了那段实习的所有时间，然后彼此离开。我去了下一家比较不错的公司继续实习，她真的考上了美国的研究生。再后来我毕业找到了梦想中的工作，Lily在美国读完研究生留在纽约工作。某次她跟我谈起她梦想中的公司要求要有"不带薪实习9个月"在前，我大呼"这哪里是实习，这分明是生存大考验啊，你这是纽约啊。"

五年后的前几天，当我翻出那一摞汇款单的时候，我拍照发给Lily，她正在银行签贷款合同，在纽约买下自己人生的第一套公寓。她问我要不要代购奶粉什么的，我大笑地问她你能给我买十年吗？是的，五年后的我们，都各自长大，过着让自己感到舒适的生活。我们都是普通的女孩，我们的每一步是不是都很成功很完美，我们彼此也没有谁强谁弱，我们都在洪荒宇宙中像一颗粒子一样慢慢前行，即使失败，也是一种成长；即使迷茫，也都是青春的代价。只是，我们都觉得，每走一步，都要对得起自己。

有人问我："我找了个工作，老板给我××××待遇，我觉得不公平。""我刚毕业，月薪就2000元，你说这公司是不是骗子。"亲爱的，我不知道，我不知道你是如何的，这份工作值不值得你去做，我只能说说我自己。第一份社会实践卖饮料一天30元，拖半年才付款，其实也就几百块。第一份实习，两个月一共700元，还是500强公司，连纳税的起征点都不够；第一份工作，人见人羡慕的豪华公司，起薪3000元。我不是什么名校，我英语不如母语好，我没有别人那么多见识，没读过很多很多书，常年在学校里，第一次在公司门口吃过桥米线，都觉得好吃得好几年忘不了。我周围也有很多牛人，有的男生毕业就去了高大奢的咨询公司和投行，连父母来北京旅游都可以用公司专车接送；有的女孩还没毕业就创业，一天能赚十几万；有的随便学学就能GRE考高分拿着奖学金去美国。但这些都不是我，他们都只是我身边最亮眼的那些光芒。我抬头看看他们，再看看自己，除了低头努力，真的说不出什么，也抱怨不出什么。抱怨社会不公？还是老板不人道？还是公司欺负我？还是投胎到了没什么钱与权的家庭？我不知道怎么去考虑自己做某个事情值不值得，我只知道以自己的背景和底子，在北京这种名校成堆，牛人成群的地方，想要得到自己梦想中的东西，就要一步步垒宝塔一样去做，一步踩着一步爬上去，才会有人愿意看见我，无论是工作与生活，还是爱情与婚姻。

前几天看完一本美国名校学生写的奋斗的书。主人公像在中国混大学一样混在美国名校里，终有一天被勒令退学。他的导师给了他一个试读的机会，他在此期间奋发图强，做出了令全美国惊艳的成绩。一瞬间，他从一个人人讥笑的失败者变成了一个在大会上全场为之鼓掌的成功人士。所有的荣誉、鲜花，以及美国最美的小妞儿都围绕着他。而他也终于明白，被要求退学的时候，他以为全世界都对他不好，导师在报复他，前女友在恶意踩踏他，可事实上，一切都是自己造成的，是自己的混沌懈怠不学习，让自己掉进了人生的低谷，这世界从来不会跟你过不去，你得到的任何好与坏，都是自己作的。

有句话是这么说的："根本没有正确的选择，我们只不过是要努力奋斗，使当初的选择变得正确。"就是这样。

{ 只有在春天的时候去躬身播种，你才能最终收获一园秋色 }

女儿上的是重点中学，开学比普通中学早几天。晚上，女儿偎在我身边，一副不情愿的样子说："妈，明天我就要滚回学校了。"

我扭头看着她："你还不该滚回学校吗？都玩了快五十天了，再玩下去你就傻了。"女儿噘着嘴不高兴，我还想去看大海呢，你们也没人陪我去，又得明年了。

老公正好听到，承诺说："下周日，爸爸开车带你去，反正又不远，当天就能回来，不耽误学习。孩子嘛，快乐最重要。"

我呵呵了两声："你就会做老好人，好像女儿不是我亲生的。我比你更希望她快乐。"

可是，她现在快乐了，将来呢？

记得今年春节刚过的时候，我正在上班，敲门进来一位小伙子，还有一位五六十岁的阿姨。小伙子怯怯地问："听说咱们公司招一线工人，请问有什么条件吗？"

负责招聘的同事把招聘简章给他看：一线工人中技以上学历，有从业资格证书。

小伙子在包里翻了半天，只找出一个技工学校的毕业证，没有从业资格证。同事告诉他这不符合条件，等招学徒时可以再来。

小伙子气馁地看着那位阿姨："妈，人家说不行。"那位阿姨堆起满脸笑和我同事解释："他就是技校毕业的，只是毕业后没有干过技工，也就没拿证。闺女，你看能不能让他算学徒？"

同事回头看我，用眼神请示可否。我说："下个月应该就招学徒了，您记一下我们办公室电话，随时打电话来问问，等我们招学徒工再来好吧？"

小伙子一脸不情愿的表情，问他母亲："妈，怎么办？"

那位阿姨拉着他，说出去一下。

过了一会儿，我的手机响，是我同学燕子打来的电话。

她问我刚才是不是去了一对母子？我说是。

她"唉"了一声和我唠叨："那是我姨和我表弟，家里就这一个男孩，宝贝得不得了。上学不好好上，也舍不得管，说孩子开心最重要。好容易苦巴苦结上了个技校，毕业后表弟去一个工厂实习，不到一个礼拜就回来了，说太累。我姨就惯着他，让他在家里啃老。

"这不到了该找对象的年龄了，一有人介绍对象人家就问，是干什么工作的。我姨才明白，这么大了该找份工作了，不然就打光棍了。你看看能不能给照顾一下，让他在你们那当个学徒工就行。"

我叹了一口气。

这位想让孩子快乐的母亲，她一心由着孩子的不努力不上进，以为这是为他好，能够让他快乐。他少年时快乐了，可是，成年后呢？他没有高学历，没有一门手艺，怎么安身立命？靠什么获得尊严？一个连自己都养活不了的男人，又怎么能快乐？

我认识一位高中的语文老师，得了重病，在北京治疗。还好，大儿子上完大学后在北京立足，能够为父亲提供吃住的地方，还能带他去比较好的医院治病，病情得到了控制。

这位老师想到身边一些人得了他这样的病，只能在小地方医院治疗，然后听天由命，不由感慨道：当我们很多人在埋怨高考、张口闭口素质教育的时候，我们是否意识到，如果你不是一线大城市，你说的素质教育，充其量只能为下一代的成长注射一针麻醉剂。很多资源都是有限的，如果你没有能力去争夺，一旦遇到危机，就只能在困难面前束手就擒。

这话或许有偏颇之处，却也有它的道理。

我是母亲，比任何人都希望自己的孩子快乐。但这快乐，绝不是在该学习的年龄去放纵，在该努力的时候只图轻松。

孩子，你不是含着金钥匙来到人间。出生在我们这样的普通人家，我唯一能为你做的，就是给你创造好一点的学习机会，让你有台阶去登上更高的山峰。那时，你看在眼里的风景才会楚楚动人。

如果你一直匍匐在命运的脚下，为生计发愁，那么，再美的景色在你眼里也是愁苦。此时我对你有多心软，将来生活就会对你有多无情。

我宁可欠你一个快乐的少年，也不愿看到你低声下气的成年。如果你想在以后的人生舞台上更加精彩，你就要多吃一些苦，多读一些书。真正快乐的人生，需要努力才能抵达。

只有在春天的时候去躬身播种，你才能最终收获一园秋色。

{ 觉得别人在显摆，其实是你没有 }

前段时间特别流行一句话：别人晒什么，就是缺什么。

而这件事残酷的真相却是：我们觉得别人在晒什么，经常就是我们缺什么。

我刚工作那会儿，每个月领着400块钱工资，每天最奢侈的事情就是早上买份报纸，然后在办公室里给大家轮番传阅，那感觉自己就是上帝。仿佛他们读的不是报纸，而是我的施舍。

结果偶然听到，同一个办公室的小姑娘说自己每天早上的早餐是肯德基，立刻就让我的世界崩塌了。这种崩塌事故立刻转变成了自卑，自卑立刻进化成了鄙视，觉得不可能，每天早上吃肯德基，那她得多有钱呢！

我吃不起，她吃得起，我就觉得她在晒，她在显摆，她在吹牛。

因为她拥有我无法企及的生活，那不是晒是什么？后来才知道，人家是富二代，每天早上吃肯德基是最稀松不过的事情，这对她来讲算是平常事一件。

后来我在论坛上遇到一件类似的事情，一个人发帖子说自己本来要去买奔驰，结果路过保时捷瞄了一眼，就顺手买了一辆911。最招人恨的莫过于"顺手"这两个字，我能顺手做的事情，就是去菜市场买水果，顺手买了几头蒜。他竟然能顺手买辆911。果不其然，帖子下面全是骂他吹牛的人。

后来，人家晒了一下家里的车才知道，911对他来说，确实是顺手。因为他爸是重庆某大公司的董事长。

因为自己没有，所以才会在意。

试想，我也经常顺手买911，我绝对不会觉得他说这个话是晒。因为我没有这个能力，我没有这样的生活场景，我想象不出那是怎样一种随意。我就会认定这是晒。其实，人家顺手买辆911，跟我顺手买几头蒜，没什么太大区别。

iPhone现在对有些人来说也跟买头蒜没什么区别，但对于需要卖肾买iphone的人来说就是显摆，何止是显摆，简直就是晒肾。

带着这个思路再去看看你的朋友圈。

如果你没有男朋友，别人在朋友圈里发跟男朋友吃饭的照片，那就是晒幸福。但是对她来说，那是稀松平常的一件事。因为你缺少这种幸福，你就觉得对方在晒幸福。

如果自己没法出门旅行，看到别人在发旅行的照片，那就是晒旅游。但对方不过就是想记录下旅游的过程和体会。这对于你一个苦呵呵每天只能加班的人来说，当然是晒。

自己如果没有孩子，看到别人总发孩子的照片，那就是在晒娃。但那是对方作为父母，最自然的情感表达而已。这对于你一个单身狗来说，简直就是在晒嘿嘿嘿，嘿嘿嘿无聊了，顺道产了个娃。

自己如果没有美貌，看到别人发自拍，就觉得那是狐狸精。但你有没有想过女人嘴里的狐狸精，往往都是美女这个事实。其实，人家就是随便化了点妆而已，你就假想对方美图秀秀了千万遍。因为你是丑半球的人，你就觉得帅半球的人都在晒，却忘记了人家本来就帅这个事实。就好比王牧笛总觉得我自拍是在晒帅，但他总忘记和我之间差着18个梅长苏这个事实。

自己没有房子，看到别人家新房装修，就觉得那是在显摆。但人家仅仅就是想记录下装修的过程而已。

　　如果当我们想评价别人"晒"的行为时，懂得反思一下自己，是不是因为自己没有别人的条件，才会觉得别人"晒"的。如果是，要发奋图强，不能学阿Q，自己意淫着别人的心理状态，然后在别人评论里委婉地留下刻薄的话。

　　看到别人的生活，能理解。

　　反思自己的生活，能自省。

　　哪怕别人真的在晒，我们也觉得是件稀松平常之事，这才是高境界。

{ 你坏情绪太多，是因为闲的 }

有个叫雷蒙德连卡佛的美国作家，因为"曰"过一句话，而让我倍感喜欢（如果不是这句话，我也压根不知道他是谁）。

他曰：我还是相信工作的价值：越辛苦越好。不工作的人有太多的时间来沉溺于自己和自己的烦恼之中。

我觉得，这个"工作"完全是个泛指。既可以是让你血脉贲张上蹿下跳地工作，也可以是让你硬着头皮懒懒洋洋地工作。前提只有一个，你得做事。

人类这种猴子，一定需要通过做事来打发时间，因为人是情绪的动物和胡思乱想的动物嘛，如果没有做事来占据你的时间，就只好被情绪占据你的时间。网上说的那种"无聊到喝完水蹲在马桶上等的状态"，毕竟无法成为愉快的常态。

女孩子更需要工作。谁叫我们生来就纤细、敏感、触角密密麻麻，并且颇为享受着自己"自搏术"一般的思维对撸。

其实根据我对自己多年以来的观察，除去正儿八经的工作和学习，我一天中想七想八的内容和情绪里，七八成都是废物。不仅无用，而且还会影响我的工作和学习。

比如突然开始担心一件压根没有发生，也不一定会发生的事，竟然还下很多功夫去琢磨解决办法啦；

过度地把注意力集中到自己的脸上，为多长了一颗痘痘愤怒大半天啦；

上椭圆机之前被各种杂念纠缠，最后放弃健身自暴自弃啦；

甚至在打开一本书之后，陷入某种人际关系的忖度中，最后在11点钟遗憾地关上书去睡觉啦……

这些症状在我开始忙碌工作，陷入一大堆事务性问题，每天卷在头脑风暴中之后，就都消失了。

而我也越来越尝到工作的甜头，它让我感觉自己并没有停留在原地，多多少少，方方面面，都有点收获和进步，以此来打消很多负能量和坏情绪。

所以有时候，"没时间"是种特别好的自我保护措施。

我没时间失恋，没时间跟你钩心斗角，没时间体味某人的恶意，没时间和贱男人玩暧昧游戏，没时间迷茫，没时间犹豫，没时间害怕，没时间裹足不前。

而且人的心理暗示和心理安慰机制，会告诉你，虽然你失去了，或失败了……但是你在努力不是吗。

所以每次有读者留言，问我，特别重要的考试之前，一大堆书没看，我心里慌得要命，却根本无法集中精力，我该怎么办呀！

我的回答都是：把你的一大堆书分成每天20页的小任务，每天只完成当日任务，不完成就不准睡，完成了也绝不多做，这样你就不会再恐慌了。

因为你心里比谁都清楚，我在慢慢地往前爬，虽然慢，但只要在动，到点就能搞定。这还有什么可担心的！

为什么很多女孩在白天都是高傲的小姐，10厘米高跟鞋咣咣咣小跑步，短信顾不上回饭顾不上吃，一到晚上，追着男票咔咔咔QQ微信轮番轰炸：你怎么还没下班？你怎么还不陪我？周末干什么呀？你为啥不陪我去逛街呀？……一下子矮了半截。

要么就是回到家妆一卸，往地上一坐，开始琢磨，下午隔壁桌的那谁谁说的那话是什么意思啊？针对谁的啊？我怎么得罪她了呀？这个贱人……

不是说非要一天到晚都有工作，而是你得找点事儿干，白天8小时是属于老板的属于公司的，晚上的保守估计3小时才是自己的。看看电影写写字，哪怕看个快乐大本营傻笑半小时，认认真真洗个澡，约个女伴spa一下，都可以帮你免于自我困扰之苦。

人的自控力是怎么变强的？你得先从"学会对付自己"开始啊！命令自己马上站起来去做深蹲，命令自己转移注意力不准无聊，给自己安排这安排那，把衣柜里的夏天服饰都拿出来好好搭配一下，跟有趣的人打个电话……

你对付不了自己的时候，别人是最好对付你的。

所以我深以为，女孩子一定要拥有一份不能太闲的工作，和一份真心实意喜欢的爱好。

前者让你的8小时过得充实有声色，后者让你的晚上和周末过得心满意足。

别嚷嚷"为什么我总是高兴不起来"，因为你根本没用力去找"让你高兴"的那个点，或者是把这个点寄托在了别人身上（这是最可怕的，一秒钟变傀儡）。

说了一大堆，中心思想就是，如果你天天被坏情绪折磨得头晕脑涨，或者被迷茫摧残成残花败柳，请不要来给我留言，默默地去把自己的24小时安排满，即便你回家之后就开始蒙头大睡，也强过你缩在沙发里画圈圈，至少多睡觉还能收获一张水嫩脸。

有时候活得简单粗暴一点，没什么不好，太细腻了你就等着脸黄脾虚吧！

{ 树欲静则风止，这才是不动声色的境界 }

作为一个自控能力不强、无缘无故喜形于色的人，我非常敬佩那些不声不响就把事情做了的人。

我表哥，论辈分其实应该叫叔，但年龄只大我一岁，我叫不出口，就自作主张降了他一个辈分。他打小读书成绩就好，高考时发挥失误了，不小心考了个普通大学。他读大三的时候我读大一，过年回来亲戚聚会时不见他，忙询问，他妈妈小声告诉我，说他在学校里看书呢。

过了几个月，我因为旅游去了他所在的城市，约他出来见个面吃个饭。他从学校匆匆赶来火车站接我，下巴长了一圈胡茬，头发乱成一堆，身上穿的衬衫还掉了两个扣子。

我们去附近随便吃了个饭，看着瘦了两圈的他，问他怎么了。他说"考研，不是人过的日子，没日没夜地学习。"我问他一天睡多久，他说，4个小时。

不忍心再浪费他的时间了，于是吃完饭就和他告别，见他匆匆赶去坐车，争分夺秒的样子真令人心酸。这一次见面花了两个小时，不知道他又要用多少个没日没夜的日子补回来。

一年以后，他已经是在读研究生了，还是全额奖学金。又过了两年，他获得了硕博连读机会，博士在读期间协助导师做实验，每个月还有两千块的收入。

上周，我得知他要出国了，去美国俄亥俄州立大学读博士后，每个月有收入，够维持他和爱人的生活。

我和他简单聊了微信，得知他即将动身，再见不知是何时了。我问他"念书很辛苦吧。"他还是笑称"不是人过的日子。"我问他这一路除了努力，还有着怎样的坚韧和决心。他说"心够决，不留退路，一路走到黑。"

这期间，他没有在朋友圈、微博上晒过自己熬夜复习，也没有炫耀过自己又考上了什么学位、获了哪些奖以及又拿了多少奖学金。从大学到现在，八年时间，他不声不响，就到了博士后的地步。更重要的是，他1988年生。

我们常说世界那么大，不去看看怎么对得住青春年少，但总是困于世俗，陷于俗事。好不容易出去旅了个小游，忙着自拍，风景没看多少，自拍照倒晒了不少。

一个女生朋友生得娇小柔弱，找了个高高大大的男朋友，颇有长腿欧巴的气质，但却很少见她秀恩爱。没想到几年后她居然出书了，书的内容居然还是环游世界的，记载着她和男友去往二十八个国家的点点滴滴。

朋友们知道了惊呼："天呐，她居然文笔这么好！平时都没见她晒呀！"书里的照片很美，署名竟然都是他男友，翻了翻，发现照片拍得特好，不仅景色拍得美，人犹是。"天呐，有这么个会拍照的男朋友，居然不在朋友圈里晒照片，简直是浪费啊！"有朋友抱怨道。

人家浪费吗？一点儿也不浪费。你的朋友圈自拍照，首先得开美颜相机，连拍十几张甚至几十张后，挑几张出来，打开美图秀秀修图，还要编一段煞费心机的话，才发出来，几十分钟时间就这么没了。

人家呢，用这时间去看世界，用最真实的镜头记录所行之处的每一处风景，再静下来把它们变成文字变成册，变成人生最珍贵的记忆，然后不声不响地就出书了。

我们的朋友圈中，的确会有这样一群人：

晒书，一晒还好几本，结果可能一本都没看完。

晒加班，睡到半夜醒了起来上厕所也不忘补一句：还在加班。

晒出游，去哪儿都晒，哪儿没去也晒，成天嚷嚷着要出去看世界，却也不过是让世界都看自己的自拍照。

晒恩爱，作死晒，最后没有缘分了走到尽头了又回过头来猛删微博和朋友圈。

"你要做一个不动声色的大人了。"这句话是村上春树说的，许多人用它发微博发朋友圈，甚至当作个性签名。然而，真正学会不动声色的又有几个？

要知道，牛的人，根本不炫。

你何时才能做一个不动声色的大人，取决于你拥有一颗怎样的心。树欲静则风止，这才是不动声色的境界。

继续修炼吧！少年。

{ 不必急于一时 去获得成就 }

像很多我这个年龄的人一样，我很好强也很拼。想要的太多，自己却在什么都没有的情况下，看见机遇就好像抓住了救命稻草，认为自己也许再拼一点，就会离自己心中的成功近一点。

然而，你有没有想过，在你花费了大量时间和精力去把握住这些机遇的时候，可能也正在透支你有限的潜力。

[付出是否等同于回报]

刚出国读大学时候的我，比谁都心急，却在自己对自己太高的期待和现实的无力中跌入谷底。

当时也许是很多教授觉得我能力强又有责任心，大一下的时候政治和哲学教授就都表示了希望我能做他们的研究助手，一星期20小时，学校也愿意给我近12美元一小时的薪酬。

我当时又激动又犹豫。大一新生就被两个教授赏识做他们的助手本就不是太常见的事情，何况还有不算低的工资拿。

可是当时我已经兼任了学校校报的记者，每个星期有几小时的例行会议不说，还要做两个采访任务。如果做过新闻的人会知道，一个采访任务我需要花时间做相关调查，写采访提纲，约人采访，写稿，编辑视频。这一项工作就基本上可以算得上全职的工作量了。不仅如此，美国本科教育那种类似国内高考的强度，已经让我学得十分辛苦，时常让我在压力和崩溃的边缘不知何去何从。

可就在那个时候，我接到了妈妈的一个电话，大意就是家里那段时间经济条件不太好。其实当时家里并没有正面给我过太大压力，可我想到在家里条件不太好的情况下仍然要付我一年30多万人民币的学费，就觉得难过又喘不上气。那时候学校有一项奖学金政策，如果大一学年之后能拿到3.9的GPA，就不用付接下来三年的学费，也就是将近100万人民币的奖学金。

100万的奖学金，学校校报的记者兼职，两个教授的课题研究助手，如果都做到了不仅接下来我可以独自一人付出我所有的学费和生活费，简历上也会比同龄人好看不少。想到这里我心一横，就接下了两个教授的活，可是那变成了接下来半年噩梦的开始。

在没有合理平衡过我的精力和我承受的压力的时候，所有的拼搏都只是变成了盲目的付出。

后来，按照我大一一个阿曼室友的说法就是："你们这些中国人都没有生活！"

不是没有生活，是在生活迎面而来的洪流中不知何去何从，只剩下停不下脚步的无尽追逐。

我那么拼，可是我从来没有思考过我想要的到底是什么，我这样做是否能让我的付出最大化。我只是盲目地拼搏，盲目地接受一切身边的资源和机遇，以为那样我就离成功又进了一步，以为只要逼一逼自己又能释放出无限潜力。

可是当潜力已经赶不上承受的压力的时候，付出显得那么无谓。

[无谓的付出是谋杀才能的真正元凶]

你们听听，一个在名校学习想要拿全A的大学生，同时做着一星期大于40小时的三份兼职勤工俭学，听起来是一个多么励志多么让人感动的故事。我也几乎被自己感动得不行，可是人不可能只在自我感动中存活。

后来，就如你们所想的那样，我在给自己施加的压力中几近崩溃。经常作业做着做着就开始泣不成声，上课因为睡眠不足经常恍惚，和父母的电话也经常会在争吵中结束。

加上出国不适应的一些其他因素，我虽然没有真正考虑过自杀，也经常会走着走着就开始呢喃一句，活着到底有什么意思呢？

我那时候只知道自己很崩溃，却没有真正去想过自己为什么会变成那样。

大一结束了，我并没有能够拿到3.9的GPA，也没能拿到100万的奖学金；学校的校报因为内部管理原因，并没有能刊登我的任何采访；一个教授因为自身原因，临时中止了调研课题。

兼职做得不那么成功或许更多是因为外界的不可抗因素，没能拿到奖学金也有一些运气原因在里面，可是我将近情绪的崩溃却是因为我盲目地付出和"无用"的拼搏。

但就在这些拼搏都没有"结果"的时候，我却突然明白了。不是我不够拼，正是我太拼了，不给自己喘气的机会，才会让压力和动力的天秤失去平衡，渐渐透支我有限的精力。

我什么都想做好，最后却可能什么也做不好。我以为自己已经付出得够多了，所以理应得到该得到回报。可是这个世界，很多时候并不是这么操作的。

人的精力和潜力都是有限的，无谓的付出和拼搏可能会变成谋杀你才能的凶手。

[学会如何安心做好一件事]

现在我逐渐发现，比承受压力努力拼搏更重要的，是学会如何安心地做好一到两件事。

20多岁，可能是人生中最浮躁也最看不到未来的一个阶段。你急着想要在社会中找到自己的一席之地，急着想要展示自己的与众不同和才能，急着证明给父母看，又或是急着经济独立，希望在爸妈在慢慢老去之前尽早看到自己的成就。

你并不是一个人，我也很着急，我们都很着急。

我想若非是天赋异禀，又或是家里根基扎实，早已为你开创好你所要的那一片天地，我们都是站在同一个地点，面对一样的困境。

但是大学的那段经历却让我明白，急着有所成就带来的可能只是无尽的压力，过早地消耗自己的精力也只会变成你自身的负担。

首先要学会的，还是如何沉下心来，保持平和的心境，去做好一件事。你这边做一下，那边试一试，又或是多件事情同时进行，在自身能力跟不上，又或是超出本身能够承受的负荷的情况下，只会造成精力的消耗和人生的透支。

最近，我又遇到了和我大一时候相似的处境。我现在正在读硕士，马上进入考试季，论文也没有写完。可是在坚持写着这个公众号的同时，还有四家媒体找我写专栏，有出版社找我出书，同时还给一家新闻机构做一星期20小时以上的兼职。我仔细想了想，考虑了自身情况，回绝了大部分邀请，也打算接下来继续做一些选择。

因为，我现在只想安心地做好一两件事。剩下的时间，我就想发发呆，看看电视剧，压压马路，或者，当个小女孩在男朋友的怀里撒个娇，而已。

你还那么年轻，有大把时光，不必急于一时去获得成就。

人生，还是要有所取舍才行啊。

{ 你的高度到了，
贵人也就出现了 }

"你的高度每上升一格，你身边就会出现新的贵人。"

[1]

我听很多人向我抱怨，圈子太小了，想要提升，不知道找谁。每当这时，我会告诉他们："认真寻找你生命中的贵人，肯定就是你身边的人。"

我从小学到初中，非常高调，上课积极回答老师的问题，下课会跑到老师办公室和老师聊天。那时候，我大多数同学，见到老师都会躲得远远的，而我会跑过去，亲切地喊："李老师，你好。"

我在农村小学读书，老师一般都是周边村子里的，这个李老师就是我们村的，四年级的数学老师，他可以算是我生命中的第一个贵人。

我读四年级时，他教我数学，我放学天天跑到他家玩，他就教我很多数学方法，比如一定要练习计算的速度和正确率，然后给我很多计算题，我就自己没事在家做题。从四年级开始，我的数学几乎满分，高考也考了130多分，虽然不属于顶尖好，但还不错。

因为我数学一直非常好，上课又配合，积极回答问题，教过我的老师都很喜欢我，这样给了我学习的信心。本来小学一年级到三年级，成绩倒数的我，因为四年级遇到了李老师，成绩突飞猛进。

因为我这种性格过于活泼开朗，我身边的男同学都挺喜欢我，和我一起玩。但女同学基本都不喜欢我，背后议论："你看杨小米，真能，就会巴结老师，拍马屁。还天天和男孩子一起玩，真不要脸……"这样上体育课，她们都不和我玩，上厕所很多时候，都是我一个人。

[2]

即使没有女同学和我关系好，我过得也很快乐。我读初三的时候，在放学的路上，认识了邓吉吉，她和其他女生不一样，拉着我的手，温柔地讲话。她很单纯，阳光，我当时恰逢老爸的生意出问题，内心比较压抑，叛逆。

她每天放学都和我一起回家，给我讲故事。她从小就读了很多名著，《简·爱》《呼啸山庄》《红与黑》等。那时候，她告诉我女人就应该像简一样。

现在《简·爱》中很多话，我都记得。"你以为我贫穷、相貌平平就没有感情吗？我向你起誓：如果上帝赐予我财富和美貌，我会让你难于离开我，就像我现在难于离开你一样。上帝没有这样安排。但我们精神上是平等的。就如同你我走过坟墓，平等地站在上帝面前。"

那时候，我来自家庭的优越感已经不在，经常跟着一些学校里大姐大混，逃课，有学坏的倾向。这时她的出现，让我觉得原来精神世界可以这么丰盈。从那时开始，我就从跟着老爸读《故事会》《知音》等转向读这些名著了。

我初三第一年没有考上高中，她就给我写信，很浪漫："米儿，好好加油，我等着你，我相信你我会在一中牵手。"她还帮我打听我喜欢的男孩子的消息，时不时地写信告知，在友情和爱情的双重支持下，我第二年就考上了。

我一直感谢这么多年她在我身边。我们在家乡的小树林里谈未来，谈理想，分享喜欢一个男孩子的喜悦与羞涩。失恋后，彼此相互鼓励，相互支持。她是我生命中的第二个贵人。

[3]

转眼，我就读大学了。刚进入大学，我非常迷茫，不知道学习什么，也不知道参加哪些活动。我的大学室友，上铺Star，是一个容貌和智慧并存的女子。

通过聊天，我发现她知识渊博，就死皮赖脸要跟她混，她读什么书，我就跟着读什么书。

大一大家都对专业迷茫的时候，我已经跟她读完《与"众"不同的心理学》，这本书纠正了大众对于心理学的误解，介绍了心理学的本质、内容、科学方法。

"我不确定将来的心理学家会持有什么信念。事情本来就该如此。没有人可以坐在高背椅里就能抓住事实的本质。在做新的实验之前，我们理所当然不知道结果是怎么样。不需要那些经常在讲坛、新闻报道和学校的颁奖典礼上听到的，关于人性的教条来引导我们。正相反，我们必须做好准备，去容忍目前尚不完善的有关心理学的知识，但却还要坚信客观方法的威力，总有一天心理学会从重重误解中走出来。"

这段话是Star当初写的，后来还被我盗用在给老师的邮件中。当时这段话令我信心倍增，觉得我就要成为心理学界的著名学者，帮心理学正名。虽然我现在没有继续走研究道路，我想以后我要写很多大众文章普及心理学。

我还和Star在大一时，一起合作了一篇论文，关于爱情的。当时我们非常大胆地将爱情分为三种，精神之恋，肉体之恋，灵肉结合。

这篇论文得到评委的赞许，获得了论文大赛二等奖。因为这篇论文，我被很多学长找到帮忙做研究，开启了我大学的研究之路。

Star的智慧不仅仅体现在读书上，还有对人性的洞察。她表面上性格内向，其实非常风趣幽默，喜欢恶作剧。我多数时候是一个行动力非常强，而脑子不够用的人，用一个词语概括"有勇无谋"。

这个时候Star的筹划能力就体现出来了，她有什么点子告诉我，我肯定二话不说，行动。我做了很多事情，大家觉得很厉害，殊不知背后有军师。

我大学被称为花痴班班长，狗仔队队长，八卦站站长，主要是我对帅哥花痴，足够八卦，收集信心的能力堪比狗仔队。殊不知，这背后有高手。

Star能够根据论文、论坛、微博等，推测出各个圈子导师的信息和关系图谱。并且还能够根据我们班、我们系一些细枝末节的东西，推出谁和谁关系不好，谁心口不一，谁背后为了获得自己的利益而损害同学的利益，哪些人可交哪些人不可交，谁以后可能会有大成就，等等。

比如我们非常喜欢的一个作家的老婆出了一本书，Star告诉我这本书是作家代写的。我很吃惊："你怎么知道的？"

"我从微博上找到了给这本书写序的人，然后评论了他很多微博，成为好朋友，他告诉我的，并且还告诉我通过哪些细节可以判断。"Star淡定地告诉我。

还有Star喜欢一个作家，半夜发现了一张特别漂亮的荷花图片，然后马上微博@了这位作家。"我知道她喜欢各种花，并且是一个很有情怀的人，其他的东西未必能够打动她。"

自此以后，Star的每一条留言这个作家都回复。大学四年的耳濡目染，我把这套方法已经运用熟练，受益无穷呀。

我大学每年差不多跟她读近200本书，她的阅读量还要超过这个，她是把康德三大批评读完的人。

生活上工作中遇到迷惑，我天秤座犹豫的性格这时候就选择困难了，就会给Star留言，那边三两句，就让我知道如何做了。

[4]

我一路走来，得到身边很多人的帮助。其实，我们生命中的贵人就在身边。你可以看看你的周围，一定有比你做得好的人，比你优秀的人。

比如你的同学中，一定有一个人非常喜欢读书。你最初不知道读什么，可以问她，然后她读什么，你就读什么。时间久了，你就有自己的判断了。

圈子小并不可怕，那就先跟着身边这些优秀的人学习，变得像她们一样优秀。这样机会就会一点点来了。

有一种说法，你的收入就是你身边最好的五个人的收入的平均，身边的朋友非常重要，她们才是你真正的贵人。

有时候我们花很多钱去参加培训，听的时候热血沸腾、心情澎湃，回去就不知道如何做了。而身边这些人，由于我们天天生活在一起，我们知道她们怎么做到的，只要按照她们的方法，在做的过程中，及时调整，就有了适合自己的方法，很快就容易做到了。

我们有时候不需要怀疑那么多东西，比如担心万一我付出努力，做不到怎么办？其实只需简单地听话照做就好了。我就是脑子不够使的人，可我看到邓吉吉这么阳光，Star这么智慧，我就想成为这样的人。我出现在她们身边，死皮赖脸，就是不走。

就像现在，我写作方面想突破，我的好朋友夏苏末是畅销书作家，她每天都读两篇名家短篇，并且写读后感，坚持了10年。我现在就开始每天读，一开始也不知道什么效果，时间久了，就知道了。因为她讲这个方法，让她受益匪浅。

最后，因为我遇到他们，我成了现在的我。三步之内肯定有你的生命贵人，好好去寻找吧。还有你的高度每上升一格，你身边就会出现新的贵人，有些是别人主动出现，有些是你主动寻找。无论哪一种都是以提升了自己高度为前提，否则即使贵人出现了，你都辨别不出来。

{ 只有努力了， 你才能拥有你想要的 }

我们从小就被灌以各种为人处世的大道理，长大以后才发现，即使我们懂得了那么多的人生道理，自己却也活不出个人样。其实许多道理我们都懂得，甚至还可以倒背如流，但可能恰恰就是这些"根深蒂固"的道理约束了我们的内心和自己，它让我们听不到自己渴望的东西，看不清自己努力的方向。

于是，出现了这样一种情况：我们想要的东西，要么盲目去追寻，要么没有努力去争取。

或许，你对于每天起床，上班，下班，睡觉，这样四点一线的生活轨迹感到厌倦，感到困惑。你说你再也不想过这样的日子了，你说世界那么大你想要去看看，其实是想说去追寻属于自己的东西。

于是，你辞去了现在的工作，开始你浩浩荡荡的世界之旅，热血的你相信只要去看看，那么一切就可以因此改变。然而，在旅途中你却发现，其实世界并没有那么好，而你也根本追寻不到属于自己的东西。

终于，你还是在一个月后回到了之前的出租屋，原来旅行真的没有改变你，就如同那间一样没有改变的陪伴了自己好久的破出租屋。

然后，你开始了尝试寻找新的工作，不久你找到了一份还可以勉强维持生活的工作，你也就"从"了它。于是，你又回归了自己原来四点一线的生活，每天起床，上班，下班，睡觉。

你看，原来旅行真的不能改变你什么，也不能改变世界。我在这里并不是说旅行没有任何意义，而是想告诉你在这个阶段中你忽视了一个很重要的人，你忘记了听Ta的声音，你忘记了跟Ta交流，因为这个人才可以真正地改变你自己，你偏偏错过了遇见Ta，而这个人恰恰就是你自己。

其实，许多时候我们最容易忽视的人不是别人，而是我们自己，我们自己内心的声音。正是这种内心的声音才可以真正激励我们前进，激励我们奋发，激励我们努力去争取想要的东西。如果你还在抱怨每天四点一线如同白开水一般平淡无奇的生活轨迹，那么就唤醒沉睡着的自己，激励内心的那个想要努力的小孩吧！

或许，大多数时候你会羡慕别人好像不怎么努力就可以过得很好，甚至你还会时常抱怨上天的不公平，为什么自己和别人一样上班工作，别人却可以过得比自己好。但你肯定不知道的是，在你熬夜打游戏的时候，别人却也在熬夜加班工作，努力提升自己。你也肯定不知道的是，在你用去了这么多时间来抱怨上天的不公平的时候，别人还嫌时间不够进修自己。

你看，生活就是这样子。你永远不会知道别人在闪耀的背后付出了多少汗水，所以你没有资格去评判谁对谁错，更加没有任何理由去抱怨上天的不公平，因为上天本来就不公平。你自己想要的东西，不是抱怨过后就会有，而是需要你自己真正去努力争取得来的。

一直以来，我都很喜欢一句话：你只有每天都坚持努力，这样你才可以看起来毫不费力。

路就在眼前，你走，不一定找到方向；但若你不走，那么你就永远都找不到方向，你就会一直在原地徘徊。

努力的意义在于：只要你去做了，那么你就会有收获。就好像一向不擅长跑步的你突然爱上了跑步，你知道你其实是跑不远的，但只要你每天都坚持努力去跑步，第一天你跑了1000米，第二天还是1000米，那么第三天呢？

或许不是1000米了，而是1100米了。尽管这样的努力换来的只是小小的100米，但只要你每天坚持去跑步，那么你就会越来越能跑，越跑越有劲，而且跑得也越来越远，从最初的1000米到后来的5000米、10000米或者更加远。所以，许多你想要的东西，你自己去努力争取就好了，哪怕是小小的努力，你也会得到应有的收益，当然如同我刚刚说的：你越努力，那么你看起来就越毫不费力。

或许，你现在还在困惑一些问题，但你有没有想过，如果你现在依然在困惑，站在原地徘徊，那么你也不会找到下一个路口。不如勇敢地往前探索，即使找不到出去的方向，好歹你也欣赏了一路的风景，好歹你知道这条路是行不通的。当然，如果你在旅途中找到了自己的方向，并开始为之努力进取，那是最好不过的。

只要你开始出发了，那么最难的问题已经解决了。许多时候，我们努力的结果不是为了证明自己可以过得比别人好，而是为了证明自己想要的东西，通过我们自身的努力一样也可以得到，而且比预期的结果还要丰盛。所以，你想要的东西，自己去努力争取！

{ 一个跌倒了还能站起来的人，你想要的美好早晚会来敲你的门 }

燕子是我在西藏旅行时认识的，那年她29岁，花一样的年华，在一家世界500强企业做行政助理。"可你知道我是怎么一步步走到这里的吗？"一场大雨过后，我们坐在拉萨有名的玛吉阿米餐厅，聊起这一路的见闻，燕子开口问我。

我以为，她说的是西藏。其实，她想说她的故事。

她从小向往远方，有草原、有蓝天、骑着马就很幸福的远方。可有很长一段时间，她都看不到远方，甚至眼前的路都被悲伤和绝望裹挟。15岁那年，父亲帮人修房子，摔断了腿，治病花光了家里所有积蓄，母亲哭着把高中录取通知书从她书包里拿走，藏了起来。她被带到一家餐厅打工，好多亲戚都来劝她认命，可她偏偏不安分。

她说，她的人生刚刚走到最花样的年华，那些心心念念的美好，她还不曾拥有……

她报了自考。每天早上，5点半起床，读一个小时报纸；6点半到7点半是跑步时间；打工之余去收空啤酒瓶、废旧纸箱，卖了换成钱，买复读机学英语；夜里下了工，还要点着蜡烛看书。

可命运似乎并不打算轻易放过她：上班第一天就被骗了700块钱，她一个月的工资是450；自考的前几天，身份证和准考证被偷，她在银行门口放声大哭；她租住的大仓库里，老鼠蟑螂到处都有；插座短路引燃被子，在她右臂留下一道褪不掉的疤……

生活冷酷，命运不公，她也骂过怨过。她想不明白，她已经没有跟同龄人一样的起点了，为何对她的坚韧和不屈服依然各种刁难。她说那个时候，她就像被打翻在大浪里，要么随波逐流，要么逆流而上。她想起了她的远方，她固执地相信自己值得拥有所有美好，只要她不放弃。

"青春最不怕后悔，错过的还可以重来，为何不去争取？"结果，刚刚提到的那些磨难，真的没有成为"最终结果"。

后来的情形是，被骗那天，饭店的所有员工都给她捐款，助她渡过了难关；一个军官垫钱，帮她补办了准考证；她拿到了自考大专文凭，她打工的老板问她"你怎么还在这里"，然后给了她一笔学费，她开始继续念本科……再后来，她有了体面的工作、不错的收入、体贴的爱人，然后，终于来到心中的远方。

你看，美好不会主动跑来，但阴霾也绝不会一直笼罩。有的时候，感觉生活已经把你逼入绝境，但只要你敢冲它倔强地笑，它可能就还你一个温暖的拥抱了。

我想起在另一段旅途中遇到的老冯，先天双目失明，母亲早逝，哥哥离家出走，一家人就靠三十而立的他经营按摩店维持生计。每年夏天，他一定会抽出时间，跟几个残疾人朋友出去旅游一趟，云南、北京、山东、黑龙江……都去过了。我有些不解，去这么多地方，他什么也看不见啊。

可老冯说，去不同的地方，听不同的音，吹不同的风，闻不同的香，就很美好。生活已经不易，与其自怨自艾、顾影自怜，何不豁达些、乐观些。

"如果生活给了你一个柠檬，你就把它榨成汁。"我那会儿想起了这句话。

其实，谁也不会比谁更容易一些。可能，你在抱怨身体有恙，他是不满收入微薄，你在遗憾没能进入理想的大学，他在嘀咕熬夜做出的方案老板怎么就没看上……人生总是难以圆满，于是，你以为，这个世界上总有人在过着你想要的生活，总有人拥有着你想要却不曾得到的美好。那是你没看到，他们也曾为此咬牙坚持，执着付出。

真的，如果你此时仍在委屈、痛苦、迷茫，仍然觉得生活并没有给予你足够多的美好，别泄气，那些美好的东西可能迟到了，但不会永远不到。只要，你愿意做一个明知生活有缺憾却依旧不言乏力不言放弃的人，一个即使身处黑暗却依然心有亮光的人，一个敢于在狂风暴雨中昂首向前的人，一个跌倒了还能站起来的人，你想要的美好早晚会来敲你的门。

相信我！你有那么花样的年华，你值得拥有你想要的美好！

你的努力值得你拥有想要的一切

{ 最痛苦的事，
不是失败，是我本可以 }

　　我在即将离职的前几周见到了来接替我职位的人，一个二十二岁的女孩，青春靓丽，是被宠坏的北京大妞，和我聊天时说道，出国六年没有打过一份工，当初被父母送出去留学是因为她拒绝参加高二会考，在那天清晨把自己锁在房门里蒙头睡觉，因而失去高考资格。出国后女孩在中介的建议下在一所收费昂贵的学校里学习酒店管理，在学到如何清洁酒店客房的时候，为了逃避艰苦的实习，她擅自休学回北京待了大半年，后来被母亲劝回，又开始了第二次求学路。毕业之后闲在家中，和相处一年的男朋友结了婚。老公想要开发房地产生意，女孩撒娇从家中要来百分之二十的首付，买下一块七十五万纽币的富人区地皮，二十岁出头从未有过建筑经验的老公，踌躇满志地计划着，用半年时间建一座估价一百八十万的豪宅，说起来像儿戏般容易。北京大妞说，当初和男友结婚，和家中进行了许久的冷战，这回家人支援的十五万纽币，没办法让建成房子前的这半年日子和从前一般滋润，她被迫出来打工，极不情愿地讲："哎，这下我们要过半年的苦日子了"。

　　我和北京大妞相处了几天，看着从未有过任何工作经验的她，姿态粗糙笨拙，遇见新的问题总是怨声连天，也开始可以理解，这种每周上五天班，每天做八个小时，普通人所养家糊口的工作，在北京大妞的眼中就是漫长而辛酸的"苦日子"。

　　北京大妞和我聊到住房情况，我向她展示种满蔬菜的小花园，她睁大单纯的眼睛难以置信地对我说："你还没有房子呢啊？！"在她的眼中，二十六岁，差不多是可以退休的年龄，怎么会连个属于自己的房子都没有呢？为什么要浪费大好的青春每天去上班累个半死还不去求助父母的帮忙呢？我猜测着北京大妞言语中保留的内容，虽然已经习惯来自同龄人诸如此类的打击，但是心里还是被刺痛了一下。我很佩服大妞可以随便一撒娇就从家人那里得来一笔巨款去敲定一块七十五万纽币地皮的拥有权，可我也十分骄傲我的账户在三年里攒下的一万块，那是把多少清晨和深夜狠心地拿去工作，用多少顿方便面去替代珍馐美味，把多少逛街和聚会的时间用来在家中静静地写字，才一分一分得来这样薄薄的储蓄，那种滋味，多么辛苦也多么踏实。然而这些，我都没讲给北京大妞听，我想她不会理解，又或许她永远都不会理解。

我的另一位相识，是刚刚拿到绿卡的二十七岁男生，和大多数年轻人一样，他迷恋金钱的魅力，想在三十岁之前拥有豪宅香车和美女，而他想出的致富之道是每周上两天班，不打税只收取现金，同时向政府递上没有工作的虚假证明，每周得以拿到几百块福利，然后再报名去社区学校读书，和老龄同学坐在一起，每周在课堂上睡个大半天，就可以在兜里揣上政府发放的无息学生贷款。他很得意于自己的致富之路，每次见面都要和我显示无比悠闲又富足的生活方式，自己又去了什么地方旅行，买了什么样的电子产品，并且还不忘义正词严地教育我："瞅瞅你这样，干那么多活，还没我赚得多。"

很久以前在《读者》上看到这样一篇文章，《我奋斗了十八年才和你坐在一起喝咖啡》，那时年纪小，只惊叹于城乡生活水平的巨大差距，如今对生活有了更深的感悟，再读时却感慨作者为了更好地生活所付出的多年的不懈努力。作者说，"比较我们的成长历程，你会发现，为了一些在你看来唾手可得的东西，我却需要付出巨大的努力"。作为农民子弟出身的他，为了改变命运，能够去大城市里的好学校读书，连中秋节都要站在路灯下默默地背着政治题，家中为支付高昂的学费东拼西凑，他在校园中忍受同学的嘲笑，吃便宜的饭菜，努力拿奖学金，拼命打工，毕业后靠一份微薄的工资还助学贷款寄钱给弟妹读书，剩下只能勉强支付基本开销，这一路走了十八年，他才融进上海这个国际化大都市，能够和周围的白领朋友坐下来一起喝咖啡。从一个农民到一个白领，明知道有这样的差距，他却从来没有放弃过，也许有人会说，"十八年这么辛苦，这样的努力值得吗？其实一辈子做农民也很不错呀！"我想这样奋斗的十八年，不只是一杯咖啡的收获，还有那么多的辛苦，让你一点点认清自己的极限，自己的能力，自己能克服多少困难，创造多少机会，能成为什么样的人，能过上多么美好的日子，而不只是接受生命给予你的最初的可能，不做任何挣扎与反抗。

毕业后我一直在用最简单的方式衡量自己的价值：当我可以做一份工作每周赚四百块钱，那我就只有四百块的价值，而当我可以赚到六百块的时候，我就知道我的价值变成了六百块，当我只会在餐馆里擦桌子，我只有擦桌子的价值，当我可以调酒的时候，我就有了调酒的价值，当我可以教中文的时候，我就有了中文老师的价值，当我努力写字被人认可的时候，我就又多了可以写字的价值，而当我可以把一件件心中所想的东西搬进生活里的时候，我就知道我的价值可以让我拥有一张床，一个书架，一盏台灯，一部车子……而当我奢望着另一些还无法立即实现的梦想时，我就知道我必须继续努力，让自己变得更加强大，拥有足够的价值去实现这样的愿望。这样循环渐进的努力，在我看来是人生应有的步骤，让我看清自己的价值，审视自我的能力与极限，并且按部就班地成为更好的自己，可是身边的年轻人不再稀罕这样的品质，大家晒皮包晒车子，却从没有人提出这样的想法："喂，我们晒晒努力吧！"

记得富二代朋友的爸爸对他这样说过，"我可以养活你，一辈子都没有问题，但是你这辈子一定要有一份可以养活自己的工作，你要去找到自己存在的价值。"所以我看见朋友在富裕的家庭里，依旧做着同我一样的挣扎，他说，"小时候觉得自己家特别有钱，能够做很多人都做不到的事，活起来特别嚣张，可是努力这件事，让我看到了那么多比我好却比我更加努力的人，自己越努力就越看得到和别人的差距，越感知到差距就越想拼命努力，不甘心一辈子做碌碌无为的人。"

前一段时间网上疯传哈里王子爱上了当年扮演赫敏的艾玛·沃森，粉丝们纷纷觉得这是至上的荣耀，意淫起艾玛戴上王冠变成万千宠爱于一身的王妃的样子，而此时艾玛面对着粉丝"嫁给哈利吧"的巨大呼声，淡淡地在twitter上回应着，"嫁给王子不是唯一一个可以让你变成公主的方法。"我瞬间就爱上了这个倔强的小妞，原来不是所有女演员都在做着嫁入豪门的梦想。如果翻开艾玛二十五岁的人生，你会看到除去那些辉煌的荣誉和奖项，她在英国中等教育证书考试十个项目中拿了八个A+，两个A，后来选择去常春藤名校布朗大学主修英国文学专业，在读期间所有科目都是A，担任联合国妇女署亲善大使，发表支持性别平等的"HeforShe"的演说，视频观看次数达1100万次，社交网站讨论数量达到12亿次……这样的经历，让我想起另一位出色的女演员，娜塔莉·波特曼，在镜头前她是《这个杀手不太冷》里的机灵少女，也是《黑天鹅》中的人格分裂芭蕾舞演员，而在镜头外的人生里，娜塔莉在高中就凭借《演示糖的氧气酶制法的简易方法》进入了英特尔科学天才奖准决赛，会讲六种语言，在哈佛获得心理学学士，还曾任哥伦比亚大学客座教授。

娜塔莉·波特曼说过，"比起当电影明星，我更喜欢当聪明人。"而艾玛·沃森在接受采访时表示，"坦诚地说，我有足够的钱让我的下辈子不用工作了，但是我不想这样，学习使我更有动力。"

写到这里的时候，我想起几天前和北京大妞的一段对话。

我问北京大妞，"当初为什么出国呀？"

大妞说，"哎，高三多辛苦啊，每天晚上那么晚放学，周末还要补课！"

我又问她，"为什么那年的专业学一半就不学了？"

大妞理直气壮地说，"清洁客房多难啊，据说十分钟要搞定一间客房床单被罩的替换，而且还那么脏！"

我好奇地问她，"那你跑回北京大半年都干什么了？"

她心不在焉地说，"啊？就吃饭睡觉在家待着。"

人的一生为什么要努力？有一句回答说得非常动人——因为最痛苦的事，不是失败，是我本可以。我想，这一生，与其抱着"父母的财富足够我一生挥霍"或者"我老公赚钱很厉害"的心情，不如亲自去尝试下生活的味道，别轻易在苦难面前退缩，这一次学会对自己说"我能行"，"我可以"，"没问题"。你会发现，努力的意义，并不仅仅是为了金钱和名誉，最重要的是，它让你认清自己，让你看见原来自己还有这样的一面——可以跨越重重的荆棘，可以爆发出巨大的潜能，可以没有听从命运的安排，也成为这么好的人。

{ 敢于追求 不一样的人生 }

[1]

萍子最近总发微信让我回家聚聚。我总是躲着她，难得回个消息，以工作忙为借口来回绝她。几次之后，萍子那火爆的脾气终于按捺不住，发了一大串语音给我，意思是怪我总是这样拒绝。我没有忍住，于是回了她，"没钱了"。

至此之后一段时间没有听到萍子的声音。

再见她已是两月后，我发了工资回家，约了她聚聚。两人见到面时，萍子不忘挖苦我一番上次发生的事，嘟囔着嘴说："女孩子在大城市这么拼命工作，工资就挣那么点，还不够自己生活，你图什么呀，早点找个有钱人嫁了，省得自己这么辛苦，我就是这么想的。"

我笑了笑，呆呆地看着窗外，说："这么拼命，图的就是能过上自己想要的生活，不靠任何人。"

与萍子是在2012年暑假打工认识，一直玩得不错，分开后一直保持着联系。

她家开店经营着钢材生意，在本地的效益还是不错的，家里还有一个弟弟，生活挺幸福。

萍子比我小一岁，早早踏上社会。在原来的地方工作不久后，萍子辞职了，去了另一座城市亲戚介绍的公司工作，还在那里认识了一个男孩。工作不算累，工资还挺高，每天下班后和男朋友去逛街，吃饭，看电影，没有什么烦恼。

过了大半年，萍子辞了工作，和男朋友分了手，回到了本地。在家休息了几个月，找了家工厂上班。

与她见面聊天时，我问了她关于在那座城市的生活。她说话云淡风轻，没有一丝悲伤，出乎我的意料。萍子只是说，那公司整天是打电话追债，受不了，男朋友相处到最后觉得不是自己想要的，家里是有房子，开厂，可不让我动心，就分了。

我没有说话，只是有些惊讶地看着她。

萍子有资本这样挥霍，家里父母疼，自己长得也不错，男朋友随时可以找到。可是这样的生活，真的一辈子都可以安逸了吗？嫁个有钱人，一辈子就可以幸福了吗？

答案，不言而喻，这在于每个人的理解。

萍子后来相亲又认识了一个男孩，是高富帅的典型，两人相处很融洽，双方也都满意，每每可以见到萍子在朋友圈秀恩爱，甚至决定到年底准备订婚。可事情总不会顺利，萍子和这个男朋友分手了，只是因为这个男生说了谎，萍子为这次分手竟然伤心，才知道自己很喜欢这个男生，甚至也委曲求全，可结果还是不如人意，现在一直单身。

而我，从来没有羡慕过她这样的生活，只是觉得她其实很幸福，只是她自己要得太多，人从来不满足，总是需要一直在满足，填补欲望的空缺。我没有她那样有钱的生活，没有好看的样子，没有那么多男生追，可我一直靠自己的努力在努力前进，即使有时生活很不如意，让我无数次都想要放弃，甚至会低下头问父母要钱，可我还是一步步缓过来，慢慢变好，现在的确还没有过上很好的生活，但是能过上靠自己的努力得来的想要的生活，我就满足了。

也许有人会说，现实就是这样，有钱的确就是好，总是可以轻易得到很多人努力了很久的一切，比起努力那么久，更愿意选择这样的生活。因为经历过最黑暗的时候，才会知道有些东西真的很难得到。

而我，何尝不想过上这样的生活，何尝不想让自己不再为了生活发愁。从实习后的生活开始，到目前，我换了三份工作，第一份坚持到过年辞职，工资太低，不够吃穿，有时还需要家里补贴，本来就不富裕的家庭，好不容易等到可以挣钱养家，却还是这样靠着家里的支持，愧疚之心日益加深。第二份工作，我干了一个多月，老板说不需要人了，把我辞退了。第一次遇到这样的打击，我很清楚地记得，走在大街上，神情恍惚，周围喧嚣的一切似乎与我无关，我就像行尸走肉一样，那时候的我却没有一丝悲伤，打了电话给朋友，也只是安慰几句，可是我却一句都不想听，关掉手机，回到家里躺着，晚上想了半天还是给母亲打了电话。

只是刚听到母亲的声音，心里最后的防线瞬间崩溃，把所有的委屈化为了泪水，母亲静静地听我说完，只是嘱咐了我几句，让我宽心，工作可以继续找。而现在第三份工作到现在，我一直做着，即使有百般的不适，也要努力克服，让自己慢慢适应工作的环境，安抚自己的情绪，好好定下心学点东西，让以后的自己有些收获，看不到光明，也要仍旧坚持。所有经历的，看见的，都是以后人生的一笔财富。而到现在，我只是能够养活自己，给家里添置点东西，其他的我还是无能为力，我必须足够拼命，努力。

当萍子问我，女孩子在大城市这么拼命图什么？

我只是想说，有一类女孩是为了梦想，家庭的富裕不用担心，只是想体验一把从未有过的人生，图人生能有另一番乐趣，而另一类女孩也有梦想，可为了生活，她们必须拼命，必须得到更多的机会证明自己，让自己的经济基础够硬，才有资格谈梦想，去做自己想做的事，才能重新开始想要的生活，在此之前，一切都要有自己的经济来源。

[2]

前两天临近下班，突然接到了闺蜜夏悠的电话，她的哭诉声让我不由心里一惊，离开办公室，在电话里安慰她，我没有问什么，静静地听她哭完。

等她渐渐安静下来，我听她诉说了她的委屈，以及事情的来龙去脉。

那一晚，她只是想吃一碗小馄饨，晚了些时间去拿，店员的态度让她不爽，争吵不下，反而把自己气哭了。加上最近的夏悠为了考研的事，家里的压力，内心早已委屈，只是没有表现出来，压力快要爆满那一刻，所有的情绪被爆发出来，她狠狠地哭了一场，告诉我，她从来没有这样难受过，情绪濒临崩溃，翻遍了手机所有的联系人，唯独只愿意打电话给我哭诉。

我安慰着夏悠，心里了解她的想法，她告诉我，幸运从来不眷顾她，一定要努力读书，改变自己的命运，重新开始属于自己的人生，所以选择了考研，失败成功在此一举。

生活给了路让你选择，而这条路上的困难、坎坷，你必须靠自己的努力闯过去，向前继续走，不要存有任何侥幸。

夏悠参加考研，拼命复习，看书，把所有的钱都用来买了资料，她必须努力抓住这次机会，离开那个让她窒息了二十多年的家，靠自己的拼命努力，过上想要的生活，再也不想靠任何人。

我佩服夏悠不认输的勇气，总是可以不顾一切坚持自己的路。

大学实习的那半年里，夏悠把自己关在家里，没有和任何人联系，甚至把我暂时请出了她的世界，努力准备考试，她知道成功了就离梦想更进一步，而失败了意味着要继续平凡的生活，那段时间的她很矛盾，给自己的压力很大。考试结束，成绩出来，她才联系我，告诉我这个好消息，离梦想又进了一步，过上想要的人生又缩小了一段距离，夏悠欣慰的同时，更加告诉自己要努力。

她告诉我，不想在被比较的生活中继续下去，最好的方法，只有自己越来越好，越来越强，让别人堵上自己的嘴。

我问夏悠，女孩子在大城市这么拼命图什么？

她回答我，前二十年的生活我没有办法决定，可后二十年甚至更远，我想让我的生活更有意义，所以我选择了考研，在大城市里扎根，图的就是不想让自己一辈子都这么遗憾。

我听完夏悠的话，若有所思。

[3]

像萍子那样有些富裕的家庭，也许生来就不需要操心太多，活得也很有滋有味，即使出去闯也不需要担心家里，反而家里是她背后最温暖的依靠。而像我和夏悠这样努力拼命，仍旧还是赶不上别人的十分之一，就算抱怨老天的不公，之后还是要很努力地去拼命，因为在大城市里才能有更多的机会，说不定哪天就被撞上这个机会，越跑越远，慢慢地给自己想要的人生。

女孩子在大城市这么拼命，图的是能过上自己想要的生活，不靠任何人，能给自己父母经济上一些支持，给朋友一些帮助，给自己遇见未来另一半，走进婚姻殿堂，和对方一起分担责任，有经济基础做保障，告诉他，这就是我的人生，在大城市活得这么拼命。

　　而女孩子这样拼命，只是希望不要再重复曾经的人生，用自己拼命的结果堵上别人的嘴，让别人刮目相看。有时，女孩子选择这样一条路，为了一份自己的责任，证明自己是可以活得很好，对父母的孝心，对曾经生活的一种告别，这样的女孩子最有魅力。

　　愿所有一起在大城市拼命的女孩子活得很好。

{ 人生在继续，梦也要继续 }

为梦而生一生为梦而活着

我不要无所谓地存在过

命运就像汪洋的海

推着我们去未来

现实给我太多无奈

有时忘了为何活下来

压抑在心里的那一种莫名感动

在深夜里一遍遍敲打我的灵魂

为梦而生一生为梦而活着

我不要无所谓地存在过

为梦而生一生为梦而执着

就让它沸腾着我的血液我的脉搏

日子如烟火，一点一放之间便消失了……

时光老了，老在清晨的鸟喧里，老在院落的葡萄架下。恍惚间，烟尘散尽，时光流转，依然怀念我的七零年代的岁月。

越来越不喜欢做梦了，喜欢安静了，我行我素，按部就班过着想要的日子，与纷扰无关，与羁绊无关，点一支香烟夹在指缝，任烟圈慢慢上升，飘动的记忆开着睡莲，在静谧中兀自芬芳着。一些往事，一些身影，亭立娉婷。而念想就如海潮，怎能平静删繁啊！

那年的皇家一号，那年的耀旭，那年的解语花，那年的锋尚，那年的水木年华，那年的叶晓红，那年的笑春风，那年的寒天，那年的紫陌伊人，那年的七里桥……那年的一些人物，是不是在某处捧一本诗册默默地读？是不是眉眼间都有了《心雨》蚀骨的清凉？好想临窗写一贴墨香小楷，然后抬眼看窗外一朵悠悠的云，闲适自由，自眼帘淡淡飘过。

我变懒了，却依然不失年青，有着澎湃的激情，有着如新的记忆。譬如观赏到神往已久的风景，抑或见到早春的一朵凌寒花开，抑或邂逅初夏的一阵清凉落雨，都会在心中泛起涟漪。或许，你的岁月还未曾真正老。曾经的爱恋，曾经的执着，曾经的故事，冬夜里萌动着跳跃的温暖。株林河畔浅浅的沙滩、软绵绵的草皮，南岳寺下怒放的杜鹃，小院前外婆手缝着蒲扇，蕲河岸边诱人的桑葚，逃自习课与心爱的女孩去看一场《阳光灿烂的日子》，都随着岁华的尘封，淡漠了。

时光渐远，日子渐近，那些华美的文字只是美人腮颊上的胭脂，掩藏了岁月的表象，少了血肉骨骼的真实。而今，却倾心于那些有真思想，真滋味的文字。愈是情感深厚的人，愈不会过分展露表白，淡淡处之，默然感知，有时，言语已是多余。人的心灵是有香息的，你嗅到过吗？人的心底是有梦境的，你期待过吗？安谧，简静，是一件多么美的事情。爱热闹，也爱孤单，人，有时是矛盾的。但要知道，没有烟火味道的人生，便不是饱满的人生；没有梦的人生，便不是真正的人生。

我也有梦，走近灯火阑珊处，照得我浑身斑驳点点；走近草木，与它一起吸纳阳光的暖，汲取月色的美，感受那颗纯净不染心。而我心气浮躁，满怀的豪情总会刹那间化作小雨打湿眼眸，打破那些安然与沉静。也曾背起一部相机，去追逐黄昏里的夕阳，或在静夜，默坐在仍有阳光余温的干净石阶上，听虫声四起，看凉月满天。而我的梦总也没有尽头……

人生百年，岁月丰厚，得失之间，一切都是未删未减。活在自己的心灵世界里，将自己打理成一处淡淡的风景，犹似窗前一株小小盆栽，青茂，古朴。

日子烟云一般散尽，留下静寂，忽略了美。而人生还得继续，梦也在继续。琐碎的日子又开始萍聚瓷片，在静静岁月里，放逐自己的灵魂，一半是真，一半是梦。

{ 生活是讲究，
不是将就 }

　　人的一生啊，要做好多好多的选择，面对婚姻，或许一开始选择共同生活的人，并不是最正确的那一个。有的人，站在矛盾的生活中，就选择将就下去，反正日子跟谁不是过呢。有的人，会懊恼当初错误的选择，但并不放弃追求更好生活的权利，生活是讲究，不是将就，欣赏这样的人。

[1]

　　阿姐离婚了，带着女儿回到娘家。

　　在农村，离婚有辱门楣，而离过婚的女人仿佛矮人一截。之前，有人劝她，将就着过日子。但阿姐说感情散伙了，日子还能过下去吗？

　　在大多数农村妇女的观念里，跟了一个男人，就像藤蔓扎根在一棵大树上，从此就是一辈子。可实际上，婚姻仿佛共同经营的公司，如果一方偷奸耍滑，单靠另一方维持，往往会出现大问题。很大程度上，好聚好散也不失为对彼此的一种尊重。

　　阿姐24岁由人做媒嫁给了他。当初，她与别人一样，打算"先上车，再补票"。但阿姐赌错了，现实也并非她所期望的那样。

　　丈夫常年在外出差，有过不少丑事。尤其是，当头胎生了个女孩后，婆家立马翻脸，阿姐生活也变得不自在。那年经济不景气，丈夫生意亏本，时不时对她拳脚相加发泄怨气。

那种日子，她忍耐了三年。最终，在一次争吵中，她忍无可忍，一脚把丈夫命根踢坏。婆家颜面尽失，阿姐提出了离婚。

对于阿姐而言，这不失为一项正确的决定。与其留在婆家干耗生命，处处置气，不如从此劳燕分飞，各奔东西。哀莫大于心死，耽误彼此的感情，对谁都是煎熬。好聚好散，又有何不可？

小时候，我时常看见许多分居的老人。于是，我就问大人。他们为什么不住一起，反而老死不相往来。大人们说，因为他们要脸呀。

渐渐地，我才明白，要脸的大人们往往不快乐。

[2]

阿姐签完字后，婚姻宣告结束。

那段时间，村子上下都在议论那个离过婚的女人，并且发出"啧啧"的声音。阿姐管不住别人的嘴，于是带着4岁的女儿去了县城，进了一家电子厂工作。当时的待遇是1500元，包吃住。娘俩的日子过得十分拮据。

生活尽管艰苦，但却比当初好过百倍。她再也不用疲于应付婆媳关系，经受丈夫的折磨。离婚了，她也自由了，过上了想要的生活。虽然老家回不去了，但命运掌握在自己手中。因为有过上段婚姻的教训，所以就算找不到合适的，也不愿再将就。

刚离婚，阿姐情绪尚未稳定，日子过得有些颓废。由于常年待在农村，疏于化妆打扮自己。主管见她踏实肯干，便提醒她注意形象。第一份工资下来，她为自己买了一套简陋的化妆品，开心了一个礼拜。

阿姐学会了化妆，生活涌入了阳光。她也渐渐明白，对生活要有要求。

并且，无论是生活还是婚姻，都仿佛拉锯战。一方的谦让，只会让另一方得寸进尺。如果连婚姻都如此草率，那还有什么不能将就呢？

毫无底线地退缩只会让人觉得你廉价，对你毫无止境地进行索取，导致最终结出不幸的恶果。要知道，你的将就永远满足不了他人欲望扩充的速度。

[3]

这个时代怎么了？

无论是饮食、阅读，还是人生大事，都讲究速度。可人生不是方便面，开水一冲就能填饱肚子。人活一辈子，除了温饱之外，还需要诗意点缀。

前些日子，公司搞活动，采购花卉时，恰巧遇见了阿姐。距离上次见面，已经六年了。如今，她成了花店主人，穿得光鲜亮丽，日子过成了诗歌。与六年前相比，仿佛变了一个人。很难相信，她曾是个无人收留的离异女性。

那年，阿姐在电子厂工作了两年，积累了些资本图谋去深圳发展。但车间主管对她有意，问她是否愿意留下。阿姐觉得他人不错，可是并未轻易答应，带着孩子远赴深圳，找了份保姆的工作。

东家是书香门第，照顾的老人曾是某大学园艺教授。闲暇时，她常与老人聊天。教授得知她的状况，便悉心教导她花卉园艺，而且时常让阿姐推他去看花展。教授癌症去世后，她与人合伙开了一家花店，并在业余时间学习插花和茶道技艺。

阿姐创业两年后，因为为人勤恳，获得公司的栽培，被调到深圳总公司工作。公司给他配了一套房，并解决了户口问题。

当主管再次表达爱意，阿姐终于答应了求婚。之所以当初未答应，不光是因为前夫的伤害，更重要的是，她意识到女人得有一份自己的事业。对别人恰当的拒绝，才能显示自己价值。

阿姐一边显摆着插花技艺，一边对我说，既然生活允许将就，那凭什么不能用来讲究。正如王小波所言，一个人只拥有此生此世是不够的，他还应该拥有诗意的世界。

人活着，总得图个体面。披头散发那是乞丐才做的事情。我们的生活总应该有点仪式感，就仿佛婚姻缺少婚礼的见证，那总感觉不完整，感觉遗憾。

[4]

有人常说，某个女孩的朋友圈"好贵"，我追不起。

但你是否知道，不是她们太贵，而是你不懂如何生活。据调查，那些女孩工资其实不高，只是因为她们懂得享受生活，有能力用10块钱，把生活装点成100块的品位。

你可以说随便，但不能做个随便的人。

我很羡慕朋友圈那些明明与你领着相似工资的人，却将生活过得多姿多彩。时不时来一趟短途旅行，吃一餐日本料理，与朋友看一场电影。但转眼一想，其实我们也能做到。那为何还会那样，假期选择宅在家里，一边刷朋友圈，还一边感叹别人"好贵"呢？

有些时候，不是你很苦，而是你把生活过得苦，这一切都是你自作自受，怪不得别人。并且，一个人是否过得精致真的与金钱和地位毫无关系。

陈道明曾说：我演过一部话剧叫《喜剧的忧伤》，我拍了61场，调整了61场，不一定是好，也不一定是不好，但是我一定要变。

改变是让当下生活出彩的唯一出路。所以，你要知道生活不止当下的苟且，还该拥有诗意的点缀。渐渐地，当你待生活以诚意，生活将会返予你以幸运。

所以，我不要将就，只过讲究的生活。

{ 不要一时的安逸，要永远的进步 }

让我们来聊点成年人之间的话题——明天你几点上班？这种恶趣味的段子通常在周末最后一天被转发，为了提醒你们别浪了，该回家了，谁不想明天睡个懒觉？大家都想一直活在安逸的假期里。这个我懂，谁不想啊。

然而恕我直言，你还没有资格过安逸的生活。

当然，如果你存折上的余额多于两千万，或者家里有几套拆迁房，那就不用看这篇了，当我什么也没说。

[为了身边的家人，你没资格安逸]

昨天打电话，我妈得了气管炎，住了几天院。她说虽然医保可以报销，但是还是花了好几千块。

换了以前，生一次病就花好几千，我妈会念叨很久，心如刀绞。

现在，我能感受到，她没那么唠叨钱这件事了。真好。

我一直叮嘱她说，用药的时候，跟医生说用最好的，千万别省钱。

我拼死拼活地工作，不就是为了让我妈不用那么害怕生病吗。为了这一点，我都不会选择安逸。

如果我安逸了，家人有什么事，谁来保护他们？

前两天我还跟几个朋友聊这事，大家都很有感触。

一个设计师朋友说，他老婆特别勤俭持家，从来都不虚荣，每次都跟他说自己不喜欢名牌，原话是"名牌包有什么好的，一两万一个，看起来跟某宝上一两百的也没什么差别"。

半年前，有一次朋友聚会，他同事的老婆背了一个名牌包，他老婆出于好奇，就去摸了一下，忍不住发出感叹，"哇，这个是真皮吧，质感真好，摸起来好软啊"。

他忘不了他老婆当时的眼神。他想给老婆买一个，去了那个名牌专柜，问了下价格，一个包要两万四，相当于他三个月的工资了。他只好默默地走掉，假装什么也没发生。

本来在这之前，他挺不理解那些成天要奋斗的人，干嘛要把自己搞得那么苦兮兮的？那之后，他开始去兼职赚钱，周末也去报班学新东西。他不想再让自己爱的人，一脸艳羡地去摸别人的包。

另一个做人力资源（HR）的朋友也说，他准备去进修，为了换一个赚钱更多的工作。

因为前段时间在地铁上看到一个孕妇，因为别人没给她让座，被人挤来挤去，她抱怨了几句，让大家不要再挤了，对方就说，"你嫌挤，有本事自己去打车啊！"

他想拼命赚钱，就是因为不想让自己的老婆怀孕了，还要去挤地铁或者挤公车。他更不想自己的孩子吃劣质的奶粉，用劣质的纸尿布。

他自己家里穷，小时候，想要一支自动铅笔，家里都买不起，全班都是用自动铅笔，只有他自己是用普通铅笔，他特别自卑。他不想孩子再有这样的感受。他想让自己将来的孩子能自由一点，活着不是为了生存，而是为了生活。

我们没有资格安逸，因为想让我们爱的人过得好一点。

[为了抵御风险，你没资格安逸]

在朋友群讨论"要不要安逸"的事，有个外企的中层说，她以前是绝对崇尚安逸生活的。

她大学毕业就进了一家国企，过得特别爽，每天朝九晚五，午休长达两个半小时，下午还可以随便翘班。他们单位旁边就是一大商场，她下午就跟同事们约去买衣服或者喝下午茶。

她的领导是个向往时尚的中年妇女，每次买衣服都要找她当参谋，一来二去，她就跟领导特别熟。这下她更无所顾忌了，想请假去旅游，说走就走。

她曾经以为，这样的安逸生活能过一辈子。

但悲剧的是，领导在一场"政治斗争"当中失败了，领导被调到另一个闲置部门，而领导的死对头成了她的直属上司。

她每天被上司找茬，迫不得已，辞职了。

她这才发现工作了三年多，她没有一点业务上的长进——严格来说也不是没有，在请病假编理由这方面，她还是进步"神速"的。

她这才从头开始去学。她安逸的时候没学的东西，都要加速补回来。

她拼了老命，才进了外企，在残酷的竞争当中，才拼到中层的位置上的。

其实，安逸和奋斗是两种生活方式。

只是，安逸的人，能不能笃定这种安逸的状态能持续一辈子？除非你输得起。否则，你一个月赚几千块钱，怎么应对未来的种种变故？包括天灾人祸，包括职场斗争，包括行业变迁。

我们没有资格安逸，因为我们必须保持斗志，保持上进，才能应对未知。

[为了不跌出阶层，你没有资格安逸]

朋友圈有人发了一句话，"我这么努力，就是为了平凡地活着"。

首先，他不是富二代，其次，他是认真的。这个说法挺有意思的。

我们常常以为，跟平凡对应的就是不平凡，那就是牛。可是我们忘了，不平凡也有两种：一种是牛，还有一种是一贫如洗。

平凡不是与生俱来的，因为大部分人的出身，都还称不上平凡，只是贫穷，所以要通过不断地奋斗，才能到达平凡。再通过不断地奋斗，才能维持平凡。一旦你稍微松懈，就会跌出现有阶层。

昨天才听一个同事讲了她姐姐的事，她姐姐大学毕业的时候特别风光，进了一家500强企业。

2006年，也就是10年前，她刚毕业月入就8000多元，超屌，震惊了整个学院。在她的生活圈里，她是收入很高的了。

但是她嫌工作太累太辛苦，晚上经常要加班，她一定要找个不加班的工作。

于是她就一直跳槽，到了去年，又跳到了新公司。这次的公司晚上6点准时下班了，月入6000多元。她本来也可以接受，钱少就少点，至少舒服嘛……

问题出在今年初，跟两个大学室友聚会，她们邀请她之后一起去西班牙旅游，去一趟要两三万，她发现自己去不起了。她们用的化妆品，CPB啊、黛珂啊、女王口红啊什么的，她听都没听过了。她们爱去的餐厅，大董啊、然寿司啊，她看了下人均价格，吓尿了。

她的好几个朋友，经过这10年的奋斗和积累，现在年收入都30万~50万元了，她年收入还不到10万元，完全成了生活圈的底层了，完全跌出了原来的阶层。

最近一大话题就是中产阶层的焦虑，我身边很多中产阶层朋友，年收入都是50万元以上的，听着很风光，但是他们就像最近一篇文章说的，"中产阶层不敢休息，不敢生病"，"有时候，哪怕只有一项没拼赢，都会前功尽弃"。

你不要以为你只是停止了奔跑，只是原地踏步而已，其实你是被远远甩在后面了。

最近，很多人劝我，"不要那么拼了，钱是赚不完的"。

我现在这么拼，不是为了赚钱——这样说，就太假了。但是真的不止是为了赚钱。

现在这么拼，更多是因为责任。有对家庭的责任，有对团队的责任，也有对粉丝的责任——总不能真的耍任性，说不写就不写了，说回家躺着就躺着，那我也太不靠谱了。

还有一点，现在奋斗，也是为了拥有更多选择。

买东西的时候，不看价格标签，只看自己喜不喜欢；

去餐馆的时候，不用管人均多少，想进哪间进哪间，想点什么点什么；

去旅游的时候，不用考虑花费，想去哪儿去哪儿，想住什么酒店住什么酒店。

这种感觉一定是，爽爆了！

为了这种放肆的体验，我也要拼了。

我不要一时的安逸，我只要永远的进步和永恒的安心。

你不甘堕落，
却又不思进取

不必厌恶八面玲珑，
不必愤恨不公平，
你的努力从来都不会被辜负，
过程可以漫长一些，
但日子总会因为你的好心态而
闪闪发光。

{ 你都不努力，凭什么成为闪闪发光的人 }

年轻的时候阅历不多，常常像个刺猬，不停地扎疼别人，用最差的武装给自己画条安全线。

不仅如此，还常常对那些八面玲珑、知进退的人投去鄙夷的目光，总觉得世故这个词，应该离脱俗的自己远些再远些。再后来，读了徐晓的《半生为人》，里面有这样一句话：知世故而不世故才是最善良的成熟。忽然就更喜欢薛宝钗些，她是世故却从不伤人，凡事处理得当，虽是自保却也从未伤人；相反，小时候更喜欢的林黛玉，却让我心有厌恶，她宁愿花费心思去葬花也不愿讨好别人，最后，却是伤了自己损了别人！

后来参加工作，又开始抱怨领导的不公平，无论加薪还是升职都是关乎自己切身利益的大事。我们常常对比，对比自己与别人，对比付出与收获，对比公平与不公平。可人往往都是利己的，一旦从自己的角度出发，总觉得对自己不公平的事太多，回报远远不能满足付出。

我的表姐身在一个普通的家庭，我的伯父伯母虽然都是普通职工，但却尽他们最大的努力培养表姐，从小便给表姐报了钢琴班、围棋班和书法班。表姐天资聪颖，一路走来都是出类拔萃的才女：小升初被提前录取，升高中又全免就读于我们那最好的高中，表姐顺风顺水，是所有父母口中"别人家的孩子"。我从小便觉得有个光环笼罩着表姐，而我好像永远都活在那个光环的阴影里。

你不甘堕落，却又不思进取

我们都以为表姐一定会考取名校，走向更辉煌的未来，可表姐高考却失利了，意料之外，表姐连二本都未能考取。表姐天天把自己关在家里，我记得有一天我去看表姐，她问我："你知道我是个梦想很清晰的人吗？"

我点头应答，我从来都知道表姐是闪闪发光的人。

表姐接着说："我想成为一个外交家，这是从小到大的梦想，不过现在好像真的是个梦。"

我竟不知道如何宽慰她，我说："表姐，你不要想……"

我还没说完，表姐一把拉住我的手，身体颤抖着："你知道吗？人生来就是不平等的，我们班那个学渣，平常不学无术，可是……呵呵，他有一个当市委书记的好爸爸。你知道他去哪里读书了吗？他去美国留学了……如果换作我，如果我也能去美国留学，我将来一定会比他为社会做出的贡献大吧？你说是不是？"表姐死死地盯着我，好像把我当成了她口中的那个学渣，那个眼神恐怖极了。

我那天落荒而逃，突然觉得我从来都不够了解表姐，她那永远处变不惊的脸庞下隐藏着一颗不安分甚至是带有怨恨的心。也是从那一天起，我觉得表姐身上的光环消失了，再也没有了闪闪发光的色彩。

后来，伯父托了各种关系将表姐送入了一个一流的二本院校，我一直想问表姐，作为"点招生"的她还有没有觉得不公平？

表姐上大学后，有次，我听伯父说，表姐和她的辅导员吵了一架，原因是学校要组织才艺比赛，辅导员在没有任何选拔的情况下，安排一位女生代表学院去参加比赛。表姐说自己的才艺不输于她，辅导员如此处事不公一定是为了讨好这位女同学当官的爸爸。伯父讲这件事的时候，我又想起来表姐当初憎恨那个学渣的模样。这件事后，我看到表姐改了QQ签名——与其让别人扇你一巴掌教你长大，不如自己给自己一巴掌然后成长。成长的过程就像掉牙齿，总是空落落的，我想，辅导班应该不会给表姐一个合理的解释，更不会把那个人换掉让表姐上。人生本就有很多不公平，可扪心自问，你真的是因为不公平而愤恨吗？还是仅仅因为自己没有得到这样不公平的眷顾而心有不甘呢？

表姐仍旧很优秀，囊括了各种奖项——国家奖学金，省优秀学生干部，优秀党员……她仍旧申讨所有的不公，也仍旧讨厌知世故、高情商的人，可四年的大学生活，早已把原本直白的表姐训练成了一个她讨厌的八面玲珑的人。而作为旁观者的我，却更喜欢这个八面玲珑的表姐，因为我觉得这样的她是有血有肉的，无论真心或假意，她的高情商不会再让别人下不了台，她举止大方得体，眼神里也少了当初的锐利。

随着年岁增长，我所经历的人和事都给了我无数的启发。我们当初讨厌八面玲珑的人，无非是那时的自己还不够成熟，亦或者是因为，身边那些八面玲珑的人活得比你好，你只有表面嗤之以鼻才能安慰自己那颗羡慕的心罢了。

表姐后来就职于某交通厅直属的设计院，虽说表姐个人能力很强，但这样大型的设计院也并非那么容易进去。可想而知，为了她的工作，我们全家也是花费了一番力气。不容置辩，这样的单位关系户自然也是少不了，像表姐这种绕了很多弯的简直算不上的关系。

工作更不比学校，表姐眼里不公平的事更多，例如偶尔评定个优秀员工，你的努力不在领导眼里；年终奖的评定，得到远比不上付出；比赛评奖，不仅要看个人水准还有兼顾各方面的公平……这似乎都在挑战表姐的忍耐极限，她偶尔也会暴躁，没有工作前的心平气和，而我明显觉得表姐开始变老。

有一次，我跟表姐谈论我的奖金，我说我比我同一届来的同事少了一万元，我当然也会有不甘，但我还是选择第一时间与领导沟通，请领导指出我在工作中的不足。

表姐却是愤愤不平："你一个小女生出差这么多，这么辛苦，凭什么奖金要比别人低那么多？太不公平了，你们部门一定有关系户的存在吧？你们部门一定有不干事就会邀功的人吧……"

表姐巴拉巴拉地猜测个不停，我脑子也一一浮现出不同人：我们部门的小王是老总的侄子，奖金比我高一万二，可他曾向我抱怨要给舅舅当牛做马；小李极会邀功，深得领导喜欢，奖金比我高一万，可他经常替领导挡酒，直到自己酩酊大醉……想着想着，我竟"噗嗤"一声笑了出来。

我问表姐："表姐，你当初凭着关系进了大学，后来又凭着关系进了设计院，你觉得别人会不会也觉得不公平呢？你说，别人会不会也在背后讨论，你凭什么以大专的分数进大学，又为何能进入交通厅直属设计院？"

表姐愣住了，她沉思了好一会说："在你没有说之前，我从来没有考虑过这个问题，原来我在抱怨不公平的时候，却自己享受着不公平！"

表姐说完，我俩都突然捧腹大笑、豁然开朗。

我们永远都是在追求回报，见不得有别人去践踏我们的劳动成果，争抢我们的果实，可生活在这样一个社会里，谁与谁之间是绝对的公平与公正？人是有情感的动物而不是机器，没有一个规范性的公式计算我们每个人的得分。就拿我们所憎恨的关系户来说，他们也在艰辛地维系他那来之不易的关系。而最可笑的是，我们一边唾骂关系户，一边寻找任何一个能让你可以攀上关系的机会。我如此说，并非是在提倡找关系、走后门的作风，我只是想聊一聊我们所谓的"公平"，如果你憎恨关系户，那么至少应该摆正自己的心态，以身作则。

如果没有包藏祸心，你所厌恶的八面玲珑是知世故而不世故的表现。与一个高情商的人相处，你往往能感受到快乐、自在与舒服。你不喜欢八面玲珑的人却又何尝不羡慕他们的八面玲珑？保护了自己成全了别人难道不算是一桩美事？

如果别人也在努力，你又凭什么觉得他们所得的成果是不公平的？我们往往从利己角度出发，给自己太多的肯定，给别人过多的否定。你没有脱离社会而存在，甚至受益于某些你认为却是人之常情的"不公平"，又凭什么总处于受害者的身份去埋怨？

　　我从不认为人生来是平等的，但如同《简·爱》里面所说，"至少我们在精神上是平等与独立的。"不必厌恶八面玲珑，不必愤恨不公平，你的努力从来都不会被辜负，过程可以漫长一些，但日子总会因为你的好心态而闪闪发光。

努力让自己开出花，才能被认可

每个人的内心，都渴望被理解、被赏识。但我想告诉你的是，没有人会赏识一块烂木头，你要努力让自己开出花来，才有资格要机遇、要好运。怕就怕，你横溢的不是才华，而是肥肉。

[1]

朋友Candy刚刚研究生毕业，师出名门，自然有着很高的心气儿，找工作更是挑三拣四。

从毕业到现在，不到半年时间，公司已经换了七家。

我问Candy这么频繁地换工作的原因是什么。Candy很委屈地对我说："我也不想这样啊，可是他们根本就看不到我的能力，每天给我安排的，不是整理文件，就是打印文件，甚至有个脾气很坏的老头还让我去给他买咖啡！这工作谁还干得了？"

我说："是不是觉得自己怀才不遇了？"Candy用力地点点头。

我笑着说："我刚参加工作时，也做过端茶倒水、打印复印，干一些完全不用带着脑袋的活。但总要经过这个过程啊，你总不能让老板看着你这张诚恳的脸，就相信你能力出众吧？"

Candy嘀咕道："可他也没有给过我机会，让我展现我的能力啊！"

我说："每个人或早或晚都会经历那么一段时光，比如忍受一些不能接受的人，做一些不喜欢的事，但是结果往往有意外的惊喜。职场上不能太急功近利，立竿见影的结果是要你的杆上升到一定高度才能出现的，而你现在还在水平面就想要见到影子，着急了些。人才是需要价值来体现的，在你还没显示自己价值的时候，你其实就只是一个买烟的、订盒饭的。换句话说，你的不遇一定是因为不才。"

[2]

所谓"怀才不遇"的人只有两类，一类是不懂得自我推销的人，这类人把自己埋在土里，等人来挖掘和赏识；另一类是不够优秀，不够努力，却自以为很优秀。

我想说的是，你总得做出些成绩，才能让人觉得你是人才啊！

如果你总是被质疑，被否定，那么请你反问一下自己，到底是"怀才不遇"，还是"怀才不够"？

总不能，才看了一天英语课本，明天考六级就要好成绩吧？

总不能，今天跑了三公里，明天上秤就希望能瘦十斤吧？

要知道，任何明显的改变，都需要时间的累积，需要一步步安静的努力，需要一点又一点"不那么明显"的付出，才能换得。

所以你要懂得，那些看起来光芒四射的人，他们一定是在黑暗的角落里暗自使劲，付出了许多无人问津的努力。

这世上，本就没有毫无理由的成功，即便是孙猴子，也是经历了几千几万年的风吹雨淋，才有了那石破天惊的横空出世。

[3]

当一个人陷于低谷，觉得世界上没有人理解自己、认可自己的时候，或许更应该想一想，到底自己有没有足够的努力，是否拥有足够的实力。

如果你不发光，别人哪有闲心在暗夜里去寻找你？如果你的光亮太暗，别人又凭什么要在那浩瀚星空里发现你，关注你？

如果你自己不能展露光芒，就别怪别人没眼光。其实，每个人都是一盏灯，它的瓦数是由你的实力决定的！可如果你一直都没有光，谁又会把你当盏灯呢？

所以，当你不被认可的时候，就请安静地努力吧，别抱怨，更别动不动就说把一切交给时间，时间才懒得收拾你的烂摊子。

[4]

不要抱怨自己没有一个好爹，不要抱怨自己的公司不好，更不要抱怨无人赏识。

抱怨其实是最没意义的事情。如果你实在难以忍受那个环境，那就暗自努力，练好本领，然后跳出那个圈子。

如果你有大才华，就去追求大梦想；如果你觉得自己的能力有限，才华也不够支撑起你的野心，那就安静下来，步步为营，逐渐积累。

如果需要反省，不要在梦想上找问题，而是要在才华上卧薪尝胆，反思它为什么不能日渐丰满。

请你记住：这个世界只在乎你是否到达了一定的高度，没有人会在意你以怎样的方式上去的——踩在巨人的肩膀，还是踩着垃圾，只要你上得去。

我知道，不被肯定的感觉，就像是被风刺伤一样，疼痛难忍，却又找不到凶手。这种疼痛感会让你的自尊心受挫，让你成为沉湎过去、沉醉孤独、虚度光阴的人。

可我想告诉你的是，是金子总会发光，你还没发光，是因为你的纯度不够；怀才不会不遇，而是你怀的才太少。

电影《港囧》里有一句台词很受欢迎："我嫉妒你，嫉妒你没有才华还能胡作非为。"

为什么嫉妒一个没有才华的人，是因为他自认为自己有才华，却没有机会把才华施展出来。实际上，施展不出来的才华，就像是冰箱里冷冻的肉，再怎么上等，久了也会变坏。你自以为有才华，就跟知道自己冰箱里有冷冻的肉一样，不是什么值得骄傲的事情，把那个才华拿来做成些什么，胜过存一堆酸臭的肉。

有一些人，读了几本书，懂一些理论，就以为自己是人才了，其实你只是知识和技能的储存器。不能对别人有帮助的才能，最多也只能是自己的装饰；不能施展出来的才能，顶多只能当作口若悬河的谈资。所以就别喊"怀才不遇"了。

还有一些人，明明只是努力了短短的一阵子，但一遇到困难、挫折，就各种忧伤、唏嘘，好像自己努力了很久一样。这也是为什么"怀才不遇者比比皆是，一事无成的天才随处可见"的原因。

每个人的内心，都渴望被理解、被赏识。但我想告诉你的是，没有人会赏识一块烂木头，你要努力让自己开出花来，才有资格要机遇、要好运。

怕就怕，你横溢的不是才华，而是肥肉。

你谁都不是，你只是你

[1]

这是一个看脸的社会。

其次，看标签。从CEO到富二代，从明星到网红。

很多时候，我们对一个人有几分敬意，都来自于他拥有多少标签。

因为标签的背后总是有太多现实意义，一旦你被打上了某个标签，就意味着身份、地位、财富、人脉等一系列资源接踵而来。

于是，人们为了能贴上某个标签，一次次地前仆后继，肝脑涂地。而这，已然成了彰显自己成绩的最优方式。

从本性上来说，人们大多乐意相信，自己所取得的一切成绩都是自身能力使然。所以，久而久之，人们常常会模糊掉自身和标签之间的界限，渐渐以为附加的一切都是理所应当。

如此，便轻而易举地产生一种错觉：原来我是这样金光闪闪。

而只有临近失去这个标签，真切地体会到自己可能随之失掉所有光环的时候，才会突然醒悟，原来它对自己的意义是如此之重。

所以，才会有很多位高权重的人在临卸任之前铤而走险、晚节不保，还有很多曾经辉煌而后陷入低迷的人想尽一切办法，搏出位。

[2]

毛姆在《月亮与六便士》中形容查尔斯的伟大时曾说："我说的伟大并不是那种官运亨通的政客或者战功赫赫的军人所能得到的，那些人的光环来自他们的职位，而非自身的本事；等到时过境迁，他们将会变得微不足道。人们常常发现，离任的总理原来只是个能言善辩的口舌之士，卸职的将军也无非是个软弱可欺的市井之徒。"

标签既是由外界来认定，就一定会随环境的变化而发生改变。在这样的改变之下，一个人身上标签的意义越是大于个人，就越容易形成反差。

既然你终会卸下所有外在的标签，那么，在此之后，你还剩下些什么？

很多人都因此陷入了迷茫，我们的父辈便是例证。

那是一代被教育要牺牲小我，为集体奉献的人。他们当中，大多数都将工作视作生活的全部意义。他们可以为了工作没日没夜地加班，放弃所有的业余生活。

然而当到了退休的时刻，一个个都忽然傻了眼。没有了工作，生活就好像失去了方向。

很多人都要为此度过一段漫长的适应期，才能习惯每天和工作相比"无所事事"的状态。

[3]

当卸下所有的标签，你才真正还原到了最初始，亦是最本质的自己。此时你还能拥有的那些，才是你个人的意义和价值。

你不甘堕落，却又不思进取

这其中，首当其冲的便是你的思维方式。

譬如思维的固化程度。

同样是缴费这件小事，有人始终愿意到银行营业厅去现场办理。往返路程、排队再加上办理的时间，有时甚至需要长达半天。而有人就懂得下载各种便民的程序，在家一键操作，既省时又省力。这便是所谓生活质量的差别。

再譬如思维的条理性。

就拿做饭来说，有条理的会提前准备好一切原材料、工具以及调料，并且可以规划出制作时间的最优解。于是你会发现这些人三下五除二，一顿丰盛的大餐就出锅了。可是有的人，却时常是到了要炒菜的时候，临时又发现缺这少那，做一顿饭，恨不得鸡飞狗跳。

那个最原始和本质的自己，一定脱不开生活中的琐碎和繁杂。然而，恰是这些看似不起眼的小事，却需要极大的智慧方能应对自如。

[4]

其次，你能否接纳自己。

很多人不敢脱下标签，迷恋这层光环，其实源自心底不愿接受那个最真实的自己。

就如同一个常年依赖于化妆的人，早已经认定了自己上妆后的样子，是万万不愿以素颜示人的。因为在夜深人静的时候，只有自己清楚地看到，真实的模样有多么丑陋。

你越是不敢直面自己真实的模样，尤其是缺陷，就越容易陷入虚荣和佯装。

于是，有太多人用自负来粉饰自卑，用孤傲来掩盖敏感。可是，能骗过别人，却骗不了自己，内心的痛苦绝不会因为掩盖而减少丝毫。

你瞧，那个外表清冷至极的张爱玲，心里其实永远都是小时候被问及要哪样东西时，先要考虑对方是何用意，怎样选择才会讨人喜欢的小女孩。

更是那个因为害怕受伤而畏惧社交，最后只好在独居中，靠挥霍物质来填补内心空虚的寂寞女子。

我始终认为，人在情绪上的一切烦恼，最终都会归于同一个答案：你能否接纳自己。

只有真正能做到与自己和解的人，才有可能收获情绪上的安稳，还有内心的坦然。

［5］

第三个，还剩下爱好和特长。

爱好与特长之间的差异在于：爱好更偏重自我享受，水平与否并不重要，自得其乐才是关键；而特长则意味着你掌握的这项本领，已经具备了变现的可能。

两者的共同点，是它们统统不依托外部而存在，不会随着标签的削减而丢失，而是始终捆绑在自己的身上，并且能够持续取悦自己。

当你不再追求标签，不需要向外界证明什么的时候，自己内心的感受便成为最重要的事。

取悦自己是一种能力，它决定了在没有应酬和聚会时，你是否愿意纯粹为了自己味蕾的享受而花费些精力和钱财；在工作目标和任务之余，你是否乐意为了精神上的充实而去聆听一次有意义的分享。

这些事在经济上也许不会给你带来收益，甚至很多纯粹就是成本，但是，它们却左右了你内心中快乐的程度。

当我细数完标签之外的剩余，便发现了一件有趣的事：所有的标签都是指向外的，它们代表了成绩、认可、荣誉；而所有卸掉标签之后的结余，思维方式、接纳自己、爱好特长，统统是指向内的，它们代表了你内心的平和、愉悦。

不可否认，我们只要还与外界发生联系，就会需要标签。很多时候，那些结余下来的沉淀，往往都是与标签长期互动的结果。

其实，你从标签向自己的身上转换和搬运的东西，便是成长的痕迹。你转换得越多，越快，就意味着能力越强。

一个初来乍到的人对标签的渴望确是再正常不过的心理。

只是，在你追求标签之余，适时思考一下：当你不再是某某单位的员工、谁谁的伴侣或子女，在卸掉所有标签之后，你还剩些什么？这或许能够帮助你发现一个更好的自己。

{ 能经营好自己身材的人 也能经营好自己的人生 }

当我站在名模朋友家的厨房里，观察她的饮食风格时，突然发现我们之间有着最遥远的距离。

她在我傻傻站着的时候走进来，熟练地从酸奶机里舀出一杯酸奶，淋上进口的蜂蜜，然后切了些新鲜水果扔进去，然后在我面前完成了她的午饭。

简约的煮蛋器、各式营养片、芋头紫薯、大块柚子。对于几乎不开火炒菜的她来说，可以选用的食材竟好像很丰富。

我突然想起十年前我们都还是高中生时，她带着我，全身裹满保鲜膜，在下午两点的操场上跑步的情景。

其实不少女孩看到这里可能会在心里暗暗吐槽一句，把自己搞得这么艰辛，活着还有什么意思。所以，这只是万千生活方式的一种，你可以选择，或不选择。

不过，你也要清晰地了解，自己在街上看到大长腿或者马蜂腰的时候，是不羡慕，还是很羡慕？

上帝安拉佛祖一个比一个忙，你不耕耘，他们哪有时间白送你礼物。

曾看过一篇文章写道，在欧洲，越富有、越事业有成的人群，越少胖子和提前衰老的人。其实在中国，随着经济的发展，人们眼界的开阔，这一现象也慢慢推广开来。

我也曾采访过演艺圈之外不少优秀且知名的女性，她们的状态大多令人

你不甘堕落，却又不思进取

吃惊。除了阅历和见识带来的睿智和优雅之外，她们的外表年龄都远小于所谓的生理年龄。

在惯常的概念中，事业有成家庭幸福的女人一定是不辞辛劳、心力交瘁的，因为平衡这两者需要付出的精力无人不晓，但事实证明，真的存在不少的女性，平衡木走得无比出彩，不仅轻而易举地躲过了岁月的杀猪刀，反而成为时间的宠儿。

秘诀就是：勤快，自律。翻译地学术点儿就是执行力，自控力。

她们会安排好每一天甚至每一个小时，高效率地做事，不遗落地保养，决不允许各种借口和情绪成为岁月的帮凶。

你会不会在半夜十二点，顶着一头油腻的头发，睁着一双已经毫无神采的双眼，七扭八扭地陷在椅子里，然后不停地在网上看各种女神榜样的照片，又心痒又惊叹；

或者苦心研究各大论坛里的护肤品，试图找到快速变美的捷径，却就是懒得站起来，跳上一段"郑多燕"，或者迅速抹好晚霜去睡觉；

你会不会无数次地告诉自己，明天必须减肥，然后把这一志向散播到微博朋友圈各处，甚至找到几个志同道合的姐妹，最后从第一天的大汗淋漓到五天之后的再无联系；

你会不会早已谙熟美丽的各类法则，并抱定必胜的决心，但在一迈进朋友说好要请客的馆子之后就一溃到底。

所以这就是为什么大部分女孩都只是姿色平平，而明艳出众的只占很低百分比的原因。怪只怪自己偏爱临渊羡鱼，却没退而结网的毅力。

谁让人家饿肚子的时候你在大口嚼油腻，人家在跑步机上痛苦咬牙的时候你在家一坐一天打游戏，人家在用心学习时尚搭配的时候你一条牛仔裤穿一季。

老天太公平。不公平的是，有些人生来比你美丽，却还比你知道努力。

看看清朝后宫群像图，你会发现，在当今这个时代，为什么女人看上去各个都能宠冠当时的后宫。我们拥有了多少变美的方法，科技的、人文的，我们有了可以夜间修复的小棕瓶，有了可以断食排毒的果汁机，还有全身美白的白兔丸，甚至给皮肤注氧的美容仪。

勤快的女人可以像日本的不老美女张婷媗，每天早起晒出一大桌营养全面的早餐，其丰富程度完爆很多人的午餐晚餐；也可以像四十多岁还把自己吊起来上下翻滚练柔韧的李嘉欣；更可以像出道几十年却没什么变化唯独没吃过饱饭的宋丹丹。

全部的秘密汇成一个秘密，那就是：她们的坚持也好痛苦，好崩溃。不过她们坚持下来了。

当刻意的坚持变成习惯，一切都云淡风轻了，只需等待收获。连吃一周的蔬菜水果，你的味蕾会被你感动，慌忙做出调整；连做一周瑜伽，你的骨骼肌肉会被你感动，慢慢柔软下来；连睡一周美容觉，你的皮肤会被你感动，淡淡放出光泽。

很多人抱怨，为什么所有的明星访谈里，那些光鲜亮丽的女明星都不说实话，不肯透露真正的保养秘诀，总是千篇一律地"点到即止"，猜都能猜到，什么"饮食规律，多喝水，多吃蔬菜水果，常运动，早睡觉"简直毫无诚意。

但当你真正地拥有几个明星好友，或者走近这个圈子，再或者你身边就有比女明星还耀眼的朋友存在时，你会发现，这些千篇一律的无诚意秘诀全部都是真的。

而你，可能就是芸芸众生中那个明明手握宝典，却还在疯狂寻找宝典的傻瓜。

你和她们的距离，只有"按照书上写的去练功"这件事。

多喝水，早睡觉，吃清淡，常运动。这四件事人人皆知的事算宝典吗？我不知道它算不算宝典，我只知道，大部分人做不到的事情，就是少部分人成功的原因。

所以我看到有些营养专家或者时尚界人士流露出这样的言辞：方法就是这个方法，但大家都抄了，都记了，却都做不到。

所以很多时候，能恒久保持身材的女人，和能够把事业经营得风生水起的女人，是同一个人；很多时候，能从真正的丑小鸭，变成真正的白天鹅的女人，和能够白手起家，把普通的人生起点变成康庄大道的女人是同一个人。

因为勤快和毅力，在任何领域，都有平地起楼的魔力。

种瓜得瓜，种豆得豆这句话，已经老掉牙到每每想起就不愿用，不过这朴实的八个字真的太能说明问题。你在哪片土地日日浇灌，哪片土地不一定会长出花儿来，但如果你不浇灌，一定长不出花儿来。

也许别人天生就有希腊神像一般的五官，黄金比例的身材，以及满墙贴金的家境，但我想说，这一切，都与你无关，频繁地欣赏和羡慕不会让你和她走得更近，唯有你自己的行动，会让明早睡醒的你，因为添了点神采、少了点肉，而拥有加分的自信。

{ 只要努力，终会得偿所愿 }

大伯年轻的时候，未过世的奶奶给他找了一份在陶瓷厂的工作，工作虽然辛苦，却还算稳定。他做了一段日子后，却辞职了，亲戚朋友问起来，他只是说："我和那些工友们相处不来。"

在做了很长一段时间的无业游民之后，大伯又开始倒腾起古董。他每次来家里，都会向我爸炫耀他新淘来的古董："三儿（大伯兄弟三个，老爸排行第三），你看我这块石头怎么样？"老爸就说："哥，你别说没用的。我就问你，300块钱，你能把这块石头卖出去吗？"然后大伯不说话了。

三十岁，他结过一次婚，后来老婆出轨，为他留下一个儿子就和他离婚了。此后他就一直单着。周围的人都劝他，再找个人吧，这样也不算是个事。他一直找借口敷衍过去，说"等儿子大点儿"，"等儿子上了大学"，"等儿子结婚之后吧"。现在他已经有了快两岁的孙女了，却还是孤孤单单的一个人，住在我奶奶过世之后的房子里。

家庭聚会的时候，大伯不常说话，偶尔说几句，哪怕是一句很没营养的奉承，也没人认真听。于是在没人理他的时候，我都会冲他笑笑，然后耐心听他说一些没什么实际意义的话。然而我一认真听，他倒是变得手足无措了，上一句是"囡囡，你要听父母的话呀"，然后闭上眼睛，似乎是在认真思考下一句该怎么说。再睁开眼睛的时候，却只说了前言不搭后语的"好孩子，好孩子"。

另外一个人，是老爸的高中同学G叔叔，他每隔一段时间就会来家里串门。在我小的时候，记得他每次来家里都会坐很久。后来才知道，他是在向老爸老妈推销保险。可做了几年，他把周围熟识的同学都拉进去买了保险，自己却做不下去了。后来他转行，卖过二手汽车，做过招商代理，现在，他被同伴忽悠入伙，开始销售起贵得要死的女士内衣和男士内裤。

销量少得可怜。他抹不开面子挨家挨户推销，只能又从老同学们开始了。过年前一个礼拜，他再次拜访，和之前的每一次我看到他时一样，永远都是风尘仆仆的样子，那种要使出浑身解数说服别人的决心写在脸上。他一坐下，车轱辘话就像连环炮弹"突突"地射出来："这款磁疗内衣啊，有减肥防癌的功效，你看人家大明星都用这个……"

老爸想要帮他分析现在的市场情况，他只是反复说："好几个卖这个的人都赚了大钱，这个路子没问题！"只有偶尔响起的电话才能打断他的滔滔不绝，老妈顺势让他喝口水喘口气。

接下来，我们又被迫听着推销了六个小时的磁疗内衣介绍。送走了他，老爸叹了口气："我啊，现在就怕你G叔叔以后变成你大伯那样。"

他们活得都很辛苦。生活就是一场战争。我敬佩那些在这场战争中挣扎着活下去的人们，可不是所有人的挣扎都值得敬佩。

其实，大伯和工友们相处不好只是借口，他辞职只是嫌那份工作太辛苦；辞职之后，他没有找工作，每天抱着侥幸心理做着靠值钱古董一夜暴富的梦；离婚之后，他对婚姻感到失望，他才三十岁，却在心里杜绝了重新开始的一切可能。

G叔叔换了那么多的工作，每次都是一遇到问题就推卸责任，推卸不了就干脆撒手不干；他之前做过的任何一行，只要坚持做下去，不半途而废，他的情况绝对会比现在好得多。可是他偏不，原因很简单，因为他想要的只是一种捷径，一种可以让钱来得很快还可以少付出的方法。

他们可怜，却更可悲。因为他们所谓的挣扎，不是迎难而上，而是敷衍逃避；不是脚踏实地，而是投机取巧。习惯了畏惧不前，习惯了人云亦云，本身缺乏对人和事的理性认识，不动脑子，于是精力和时间就在无意义的挣扎中被消耗殆尽。说到底，他们自己都不知道自己真正想要的是什么，要做到什么地步，要达到什么样的目标。

他们只不过迷茫地活着，迷茫地挣扎着。可是，这种挣扎真的有意义吗？

他们只是看上去很挣扎，很痛苦，很心酸，很委屈，看上去被自己渴望得到某些东西的欲望折磨着。而实际上呢，他们根本不舍得为自己的欲望付出代价。自己都不愿去拼尽全力抓住什么的时候，是根本没有资格奢求别人给你什么的，包括鼓励，包括支持，甚至怜悯。

我有一个闺蜜A，高考发挥失常，考到了一个不好不坏的大学。我回国之后去找她，她带着我参观学校，然后带我去了她的宿舍玩。她们宿舍里一共六个姑娘，我进去的时候是周末的上午十一点，除了A，其他的五个女孩都躺在床上，要不就是抱着电脑，要不就是抱着手机。抱着电脑的互相催促："你弄完了没有？""没呢，还差六百字！你那个在哪儿找的？"

A偷偷跟我说，这是快要交论文了，正在补呢。不过说是补，还不是这抄一点那儿抄一点。我有点惊讶：老师都不管？她被我逗笑了：老师谁管你，都抄，也管不过来。过了十来分钟，姑娘们把论文搞定了，开始舒舒服服地靠在床上看起综艺节目来，时不时爆发出一阵大笑。聊了一会儿天，我想跟A推荐几本书，她看上去没什么兴趣，听着我说了一会儿，然后打开笔记本电脑，笑眯眯地向我建议："我们也来看节目吧。"

这其实就是她们的日常生活。没课的时候，大部分时间就窝在宿舍里，抱着手机电脑，追韩剧看动漫。我说：这些挺浪费时间的。她也只是讪笑：大家现在都这样。

后来有一次，和A一起吃饭，她告诉我，不想考研了。她说，就算研究生毕业了，一样不好找工作，倒不如本科毕业就开始找，还不用浪费那个时间。如果可以，想考公务员。我说：公务员比研究生还难考。对了，你之前不是还跟我说想考会计证吗？怎么样？她摇摇头：那个太难考了。

我只能换了一个问：你说特别想考的导游证呢？上次我不是说了，虽然阿姨不同意，可是也可以试一试。她摇摇头：导游证也太难考啊。然后她跟我说，她的很多同学和她一样，对未来感到十分迷茫。然后她又说，我很羡慕你，你那边本硕连读，成绩又好，根本不用担心这些。

我只能苦笑。她不知道我在那边一篇论文要改二十遍以上；课余时间我都拿来读课内或是课外的原版书籍，或者看美剧听BBC练听力；每天早上六点起床跑步；每周三次游泳；坚持自学小语种……这些我没跟她说过。

当我们在羡慕别人的时候，不如问问自己：和别人相比，我们为了拥有这些，真的有付出过什么吗？或者说，真的舍得付出过什么吗？要知道，这个世界上，做什么都很难，也就根本没有所谓的捷径。

如果你明确了特别想要一些东西，不如再问问自己：我凭什么得到它？我想得到爱情，却没有开始放低身段去追逐一段爱情的勇气，那么我凭什么拥有它？我想要在这一行赚很多钱，却没有用心做好它并且坚持到底的觉悟，反而是遇到困难就逃避，那么我凭什么拥有它？我想要在同龄人之中脱颖而出，却没有要比别人付出更多努力的决心，那么我凭什么拥有它？

没有投机取巧，没有急功近利，只能一步一个脚印，稳妥踏实地往前走。遇到困难没有害怕，遇到打击没有后退，咬着牙为了自己的所求而坚持下去，有决心，也有毅力。

很多人总说自己很努力了，这样就可以得到其他人的一句"算了，他已经很努力了"的评价。而那所谓真正的努力，是成功之后回顾往事的感慨，绝对不是失败之后自欺欺人的借口。

最后，愿我们都拥有为所求付出一切的觉悟，毫不吝啬，脚踏实地，最终如愿以偿。

{ 想去看世界，先问问自己的钱包 }

河南一名女老师简短的辞职信轰动了网络，她是这样写的：世界那么大，我想去看看。多么的文艺又有号召力！不过，大家还是冷静冷静吧，人生真要有那么简单，谁还每天那么苦为生活奔波？看完世界，你还是得回来工作！

提起"环游世界"这四个字，恐怕是每一个人最心红火热的四个字，也是被当作梦想最多的四个字，但如今仿佛变了味儿。

人们总是动不动就拿旅行说事儿，工作不称心，就说自己的梦想是环游世界不是苦苦上班；被领导批评了，就说自己的梦想是环游世界不是坐办公室的人；上学考试不如意，就说自己的梦想是环游世界，人家外国的学生如何云游四方，学校老师不开明也不开眼；想买房子买车又不想努力赚钱，就说自己的梦想是环游世界，不能把钱和一辈子都套牢在土木结构上。

难道人生除了上班下班上课下课买房买车结婚生子，就只剩下旅游了吗？

[辞职旅行的意义究竟是什么]

我20岁出头的时候也想去旅行，去欧洲，去美洲，去哪里哪里，没多少钱，但有份年轻的好心情。

很多人说，年轻时候没钱但是有时间，等年纪大了有钱了，但是就没有当初的那份儿心情和时间了。这话不假，但这并不能成为我们年轻时候，随便辞职休学去旅行的理由。

这些年总能看到一些辞了职旅行的年轻人，并不是所有人都能在旅行中找所谓的自我价值，也不是每个人都能在海外流亡超过30天后，还不想回家，更不是每个人都能在回来后，找到更好的工作与未来。旅行的意义究竟是什么？年轻人看似豪迈洒脱的旅行背后，究竟是为了看世界，还是逃避现实？

人生那么长，总要用一段时间的不自由，来换取其他时间段人生的自由，总不能什么都让你一个人得了。干啥啥没有，吃啥啥没够，还要旅行拔腿就能走，这显然不太现实。年轻的时候荒废了光阴，年纪大了需要用更多自由的代价去弥补；而年轻时的奋斗，也同样能换来其他生命时光的自由。

我刚上班的时候，看到周围前辈每天忙得要死的生活，总觉得那不是自己想要的未来，我就想去环游世界。那时候我就想，我现在辞职旅行，顶多能去越南老挝柬埔寨，为什么前辈们看上去那么忙又没心情，但好像他们也没耽误每年去一次亚非拉美意大利。

[工作与旅行本来就是共存关系]

后来我终于明白，工作与旅行有一个完美的共存关系，职位越高带薪年假就会越多，工资越高越不需要为了某个特价机票只能在某个时间出行。只要善于运用已有的公共假日，用好自己的各种假期，就能有一个不被冲突的好时光。

而职位高能力强的时候，也不用担心旅行回来没人要，实在太累了就休息两个月，回来依然是炙手可热的抢手货，可不是我们这种小年轻啥玩意儿没有，只有年轻这一条赌注所能达到的境界。

写到这里我想到了一个高中同学，她现在的工作是一名国际记者，每天在世界各地飞行。每天她都在世界各地，很多我们个人护照去不了的地方，对她来讲就是轻而易举的事情，更重要的是，工作+旅行，完全公费。这时候肯定有人说："哎呦，这太爽了，他们还招人吗？"

拜托，这份工作可不是普通人干得了的。首先英语要特别过关，这姑娘从大一就是新东方的英语老师，中间还去美国读书两年；其次写作能力也要强，特别是英文书面写作能力；再次就是其他的各种你能想得到的优秀品质了。

我曾经和一个14岁就考上北大，且还是当地高考状元的小美女聊天，这姑娘现在每学期换一个国家交换读书，她说了一句话，"我只是把别人抱怨和吐槽的时间用来背历史书上的备注小字了。"

听到了吗？所以你我这等还挣扎在早晨能不能早起十分钟的普通人，能给个带空调的格子间工作就已经很棒了好吗？别纠结为什么老板不能给你一年30天的假期了好吗？

[提升自己是解决问题而不是逃避]

我们每一个人都有过云游四方四海为家的梦想，但我们每个人都只能在现实中慢慢长大。这世界不会对谁特殊优待，即便是那些看上去很美的旅游达人，你可曾知道他们受过的苦，流过的汗，遇到过的危险，心惊肉跳的瞬间。

一个旅行界很有名的朋友跟我说："即便是有了赞助去环游世界，不为钱发愁，可人家怎么会免费赞助你，到你写文章打广告的时候，人家怎么说你就要怎么写，那种文字的不自由，比缺钱更让人难受。"

我并不是反对年轻人去旅行，只是千万别动不动就想辞职拿旅行说事儿。人生中遇到困难的时候，请提升自己，解决问题本身，而不是一股脑都逃避在旅行里。

世界那么大，人生那么长，想辞职去旅行的时候，低头看看钱包，想想回来以后的路。不排除这世界上有人环游世界，还依然能成名赚钱还特洒脱地生活着，但大部分都是普通人的我们，千万别忘了，大力过度的宣传就是用来忽悠我们的。

每日三省吾身：白吗？富吗？美吗？高吗？富吗？帅吗？好了，快去上班吧！

{ 永不放下
握在手里的书 }

[1]

一直很喜欢安静的图书馆和书店，因为只要用手掌抚摸那些书的脊背，内心便是莫大的宁静。置身那一片书海，外界的一切吵嚷仿佛也在顷刻间消散，原本躁动的心渐渐平静下来，伴随着书香沉淀。

那些旷世奇作，流传了几个世纪，而今依然流传。当翻开扉页，纸上的文字就穿越了时空来到眼前，悠然曲折地诉说起往日动荡的岁月人生。

那一刻，我的心里泛起涟漪，叹这千古流传、惊心动魄的美。

看书，是一个人与心灵对话的过程。我们从书中找到自己，也找到世间的真相。

[2]

一位读者朋友给我私信，他说，今年高考失利，没有被大学录取，不知道该怎么办。虽是只言片语，我却看到了灼人的焦躁与不安。

一方面，他对未来没有底气。在这个研究生都削尖了脑袋投简历、找工作的时代，高中文凭是那么苍白无力。现实如此，学历是块敲门砖，对于一个初入社会想要站稳脚跟的人来说，尤为重要。

另一方面，他对人生充满迷惑。当我问起，是否有一项爱好或特长，他回答含糊，转而反问：就算有，要到哪里学？语气里透着否定与失望。

后来，我尝试提供一些建议，除了复读以外，比如看看家附近有没有会技术的老师傅，拜见拜见；再比如，去网上搜索学习需要的资料；再就是多逛书店，读认识自我的书，通过思考过往的人生，认真发现问题，这样去做，定会有所收获。

虽然他一直在抱怨家庭、学校、人生的种种不如意，但是抱怨不能解决问题。要解决，唯有面对。一个人有时间找陌生人去抱怨，那为什么不把时间留给自己，去琢磨什么才是内心真实所想？毕竟，这世上没有人会比你更了解你自己。

如果不能从过往的人生经历中找到答案，还可以去浩瀚书海里乘风破浪。一本不够，读两本，书读百遍，其义自见。

[3]

我们要解决一个问题，就应当一层层深入要害，找到其本质和内核。这就好比人生，遇到很多困难，其实最大的原因在于自己。很多人不相信这个道理，不愿从自己出发。这一点，恰恰就是常被忽视的关键。

书里说，"吾日三省吾身，为人谋而不忠乎？与朋友交而不信乎？传不习乎？"这是告诉我们，自省的重要性。"玉不琢，不成器"，这是说，一块玉不精心雕琢，就不能成为有用的器物，一个人不努力学习，就不会成为有用的人。

古人的智慧，直到现在都在启发人的心智。可如今，能做到的又有多少人？很多人说，现代人爱读书、会读书的太少了，我们都在浮躁地生长，少有沉淀自我的时间。所以，才会在日复一日的生活里，活得麻木机械，失去希望。

[4]

人年轻时多读一些好书到底有多重要？

读书，首先可以修炼一个人的气质、雕琢他的思想、升华他的人格。

我有一个作者朋友，家中藏书万册。他谈吐不凡，为人精巧，这一点从他写的文章中便可略知一二。因为一个人读的书越多，他便越能通晓道理，就越能透过表面看到内在的矛盾冲突。所谓动之以情、晓之以理，知书达理。所以，很多时候，若你充满了困惑，何不静下心来，喝一杯茶，看一本好书。

也许答案就在书中，迎刃而解。

再来，读书能让你拥有丰富的人生体验和澄澈的心灵感悟。

或许你没去过北极，没到过冰岛，没见过密西西比河沿岸葳蕤茂密的森林，但书能带你抵达，每一本书都会留给读者宏大的想象空间。无论是社科学术类的工具书，还是文学戏剧性的故事小说，都能为你展现不一样的世界。感受那份心灵的震撼，这便是文字永不消逝的魅力。

读书，还能为人生指明出路，照亮前进的脚步。

很难说，要读多少书才能改变人生、改写命运，但我知道不读书一定不会有任何改变。前段时间和朋友聊，我问起今年的计划，很多人都说九月就要读书了，我很吃惊，说你还没毕业吗？他们摇头，不是的，是工作了之后突然发现还是读书好啊，要多读书，然后笑称：回炉重造。

所以，如果真的有一天，你的人生出现了困境，还能去读书的话，就努力拼一把。毕竟，在充满荆棘的人生之路上，枕边还有好书相伴，你会被这份力量鼓舞，为这份恩赐动容。

都说身体和心灵，总要有一个在路上。

如果可以，我希望有生之年，只要你还走在这绚烂的人生路上，就永不放下握在手里的书。要让那些书，那些隽永的文字融入血液，流进骨髓，雕刻灵魂，伴着这一生，永不止息。

要相信，你的气质里，藏着你走过的路，读过的书，跑过的步，看过的风景，爱过的人。

多读书吧，活到老，学到老。

好的书可以一读再读，就像好的人，会一生难厌。

{ 一个努力的人是 永远不会后悔的 }

李松蔚说"努力就可以进步"，这个信念本身，就是很沉重的。——越是把这句话当回事的人，生活中往往越是受到束缚，有压力。他们很可能会取得进步，但是，需要克服远远更多的阻力。下面是详细解释：

什么叫努力？努力并不是一种客观的对行为的定义——小明今年看过100本小说，还在豆瓣写了100篇书评，每天都写到凌晨1点。请问这个行为是否叫努力？我想大多数人的答案是：不一定。

一方面得看小明做这些事的状态，他是很享受做这些事呢，还是硬撑着勉为其难？

——假如这就是小明的一个业余爱好，看得高兴，写得轻松，我要说小明是个努力的人，你多半会撇撇嘴不同意：这就算努力了啊？我刷美剧还刷了100部呢，每天还能刷到凌晨2点呢。

所以，努力这个词本身，必须要包含"克服痛苦"的元素在内。

但是克服痛苦，就可以算作努力了吗？也不一定。

在"为什么心急如焚时间很紧的人反而更愿意选择游戏？"这个问题的说明里，提到过一个现象：

"题主并不是一个喜欢游戏的人，实际上我玩游戏并得不到快感，并且觉得厌烦。"那么，他强忍厌烦，一遍一遍地打着毫无快感的游戏，这一行为克服了大量痛苦，但似乎也不算努力？

对此你会有一个很通俗的解释：光克服痛苦有什么用啊？干的又不是正事。

所以，什么是正事，对于努力与否的判定也很关键。

前面的问题，如果加一个预设条件，小明今年准备考研，但是他每天不看书复习，而是焚膏继晷地看小说和写书评，这些事他做得很辛苦，也并不快乐，但他就是忍不住做啊做，反正就是不复习。现在他积累了丰硕的成果，但你还是会觉得他不努力——因为你觉得他干的不是正事。

可是，如果小明是一个专栏作者，以职业写书评为生，或者他是大学里研究通俗文学的博士生，总之看小说是他的"正事"。然后，他做出的行为和前面的情况一模一样——已经快看得吐了，但还是很辛苦地看啊看，每天看到凌晨。这时，你一定会对他肃然起敬：真努力啊！偶像啊！

所以一模一样的行为，有时叫作努力，有时不叫作努力，完全取决于参照系。

"努力"逼着你把全部的痛苦聚焦在所谓的"正事"上，也就是，你希望取得"进步"的地方。

黄辛，朵松先生：

因为缺乏立竿见影的时效性。

让我们看看人都喜欢做什么：

旅行，很多人喜欢旅行，到了地方，疯狂地拍照留念，吃好吃的，一个地方最重要的景点，可能一天就收在自己的相机里了，这是时效性。

赌博，你把筹码放上去，下一秒就知道输赢，就算去参加世界扑克大赛，从六千多个人里决出胜负也只要七天而已。这种及时反馈的游戏让人乐不思蜀，不用坐在那里拼命工作才能拿到月终那点薪水，坐在这里，搂着美女，谈笑风生，钱就流进来了（当然也可能流出去）。

你不甘堕落，却又不思进取

玩。比如说游戏，游戏也是随时带着立即反馈的效应来吸引玩家的，只要你投入时间玩，你就会提升等级，获得更多的钱、亮闪闪的装备，这和现实如出一辙，只是现实中人们，只是游戏中一个月能达到的成就，现实中可能十年也达不到。喝酒，吸烟，这些能带来立即快感的东西，也让人流连忘返，人们都喜欢用最少的付出来获得及时快乐。

而努力呢？大家都知道努力是好的，可是大多数的人，都缺乏努力的方向和动力。一个是不知道从何努力，一个是在努力的路上很快就忘记了为何努力。很多人都后悔小时候没有坚持学钢琴，可是让你再回到小时候，你还是会被好玩的所吸引，尽量逃避枯燥的练习。

所以速成的方法总是很受欢迎，比如什么一周减二十斤，七天背完GRE单词，三天之内拿下女神，看完这本书你就成为百万富翁。

明明知道成功不可能这么廉价，但是人们还是会前赴后继地去尝试，反正，也不花什么时间。

王昱洲，做哲学上的技术宅：

从上高中开始，我就坚信一点：如果我真的想做一件事，那么我是一定能够成功的。

如果我想进哈弗，我可以天天背单词，一天学习18个小时。托熟人，找关系。参加各种讲座，抓住一切机会。将全部的精力都放在这上面。

如果我想成为运动员，我可以辍学，找最好的教练，每天坚持练习，四处参加比赛……

但是我并没有这么做。我仍旧是一个平凡的人。

因为我认为，这个世界上没有一件事情值得我做出那么多的牺牲。

每个人心中都有一个目标，或大或小，或远在天边，或近在咫尺。但是，很少有人心中是仅仅只有一个目标的。而愿意为了一件事情而放弃全部的人就更少了。

大多数人，都有着很多很多想要做的事情。而不幸的是，这些事情常常是矛盾的。

我想要不挂科，但是我也想要睡懒觉，如果这两者相矛盾，我们就必须做出取舍。至于具体如何取舍，则是因人而异的。要是有人说，我宁愿挂科也要睡懒觉，于是选择了睡懒觉，这也是无可厚非的。他也是为了自己的梦想（睡懒觉），而放弃了一些他认为没有价值的东西的（不挂科）。这难道不是一种努力吗？

努力，本质上不过是一个为了目标而进行取舍的过程。是否努力，与目标是什么并无关联。

为了睡觉而选择挂科，本身也是一种努力。

那么什么是进步呢？

进步就是接近自己的目标的过程。同样的，是否进步，与目标是什么并无关联。

如果我的目标是睡懒觉，那么我通过选择挂科，多睡了一个小时，那就是努力过后的进步。

一个不努力的人，并不是那些认为睡觉比学习重要，所以不学习整天睡大觉的人。而是那些认为学习比睡觉重要，却仍然不去为了学习而付出睡觉时间的人。由于他们的行为与价值观不统一，后悔便是他们的常态。

为什么会有人不努力呢？

是因为他们"自身的价值观"，与他们所认为的"自身的价值观"不同。

就好像一个人喊着"我要减肥，我要少吃。"可是等到吃饭的时候却管不住自己的嘴。他以为自己减肥比吃更重要，但是实际上，他还是认为吃比减肥更重要的。说白了，就是没有"看清自己"。

　　总而言之，一个人不努力，是因为他并没有看清自己的价值观。他以为自己认为重要的东西，与他实际上认为重要的东西不一致。"后悔"则是这种不一致的直接表现。

　　从中我们也可以推出：一个努力的人是永远不会后悔的。

{别早知如此了，现在就去努力吧}

前几天看到一个微博，说英国有一个男人被诊断出一种奇怪的病。他的主治医生在他的诊断书上下了结论："只能再用100次。"

对大多数男人来说，被限定男性功能以次来计算，简直就是晴天霹雳，生无所恋。这个生病的34岁男人，决定把自己的这100次，全都奉献给维密的模特。

当然，这很不容易。听起来还挺酷的。

如果他是个普通而正常的男人，那么他也许一辈子也不会有跟维密模特同床共枕的可能。

没有可能的原因也许就是他没有想法。没有想法的原因也许就是没有让他有这种想法的境遇。而很多想法，确实是生活所迫呢。

我的发小佐佐是个典型的文艺女青年。大学时也是人称脸上一朵花，下笔一枝花的并蒂奇葩。还记得我们齐头躺在我的木板床上，抠着脚丫聊完男生，然后聊人生未来梦想之类的深刻的话题。

谁都会有瑰丽的梦想。佐佐希望自己能做一名很优秀的电视记者，然后做主持人，然后完美地过完华美的一生。

计划赶不上变化，在佐佐优秀记者的生涯中，她遇见了她的MrRight——同在电视台和她搭档的摄像。真是火石电光的一件事，总之，半年后，他们闪婚了。婚后不久，佐佐就生了儿子。那年她刚23岁。因为家里老人都不方便帮她照顾孩子，她只好辞掉了电视台的工作，开始做全职妈妈。

生娃这件事，对于23岁的我来说，简直就是人间惨剧。

还记得我痛心疾首地揶揄她："大好青春都被你浪费在你儿子的屎尿屁上了。"但她只是很无奈又好脾气地笑笑："既然来了，我就接着呗。"

接得好嘛。儿子3岁那年，她又怀孕了，刚刚苦尽甘来好不容易可以送孩子去幼儿园，结果人生似乎又复制了一下，她又接到了第二个儿子。

这对我来说简直就是匪夷所思的一件事。我又打电话给她："你们都不避孕吗，又得三年！"

她已然很无奈地笑笑："既然来了，舍不得不要嘛。"

那时的我，在写杂志。懒懒的，收入也比普通白领好那么一点。每天就是看看书、电影、美剧之类的。然后出去玩，喝咖啡交朋友，享受人生。

但那时的她却正在经历人生中最艰难的时刻。俩孩子正是花钱的时候，老公一个人养家，薪水微薄。她曾经一年没有买过一件衣服，一副眼镜戴了3年。没有保姆，也没有人来帮忙，她从早到晚地忙碌，经常累得倒在床上爬不起来。又因为入不敷出，就算很累，也失眠焦虑。

有一段时间她淡出了我们朋友圈的视线，似乎特别忙。再次关注到她，已经是四年之后。她大儿子已经上了小学，小儿子上了幼儿园。照片上的她和她的两个帅儿子，简直羡慕死人了。

并且不可思议的是，曾经生活困顿的她，现在竟然开了一家蜂蜜店、一家文化传媒公司。而她的老公，也入股了一家建筑公司，开始接各种建筑工程。

很难想象她是怎么从当时的困顿中走出来，华丽变身到一个才情与财富并重的美妈妈。于是，初为人母焦头烂额的我采访了她。

"都是被逼的啊，大宝要读幼儿园，二宝要奶粉。当初我老公的工资刚好仅够二宝的奶粉钱。"

她老公经常被朋友喊去做婚礼跟拍。后来他就在一家婚庆公司接活。经常为一点钱，放弃节日和周末。佐佐也是那时学会的修片。老公忙的时候。她趁着二宝睡觉的时候，帮他修剪片子。就这样，顾住了家庭的各项开支，他们还攒够了买一辆BYDF0的钱。

4年的时间，BYDF0换成了BZ307，又换成了MT。

这中间的个中艰辛，是我这种每晚看完美剧看韩剧的人无法体会的。

她从来不主动联系老同学，因为怕聚会没有衣服穿。孩子问她为什么每天的菜只有黄瓜时，她微笑说黄瓜便宜，然后背过身去掉眼泪。拿了老房子去抵押贷款和别人一起接工程活如履薄冰。第一次开店被百般刁难。为了几个人脉，拿命去喝酒的饭局，深夜回家，因为累极了只能把车停下，在路边小憩一会儿。

回忆已经不再像当时那样疼痛，所以她讲述的脸庞，带着花一样的笑容。

"如果当初没有逼自己一把，也许我只是个每天因为家用不够而愁眉苦脸的怨妇，骂完老公骂儿子。赚钱是我们当时的头等大事。这两个孩子，确实曾经让我体验过绝望感，但如果不是他们，我也不会那么勇敢拼命，那么珍惜每一次可能。人如果不逼自己奋力往前跑，真的不知道沿途会遇见什么样的风景。

孩子是麻烦，也是机遇。是当生活陷入窘境时，上帝送来的礼物和启示。现在的佐佐，在还不算老的年纪，开始真正地享受人生。

而我在最年轻的时候的享受，是那样令人羞耻，我才是真正地浪费了人生。而现在因为纸媒业跨入寒冰期，孩子太小每天缠手，我正在体验我人生中最艰难的时候。

"如果我也和你一样早点要孩子就好了。"我艳羡地对佐佐说。

"是啊，"佐佐说，"现在很多人都羡慕我。年轻的时候不努力，真不如先去生个孩子。孩子会给你努力的动力。"

人生不会复制，当然也不会有"早知如此"的伪命题。而努力其实就是懂得了时间的意义。珍惜当下，珍惜每一次也许是稍纵即逝的可能，理解未来的不确定性，自身资源的稀缺，努力经营每一分钟，是有没有孩子都必须透白于心的必修课。

当你这样做了，时间必然不会辜负你，而会也还你一个懂得。

"加油吧，初妈，你也会遇见美丽的风景。"我在手机备忘录上，给自己留下了鼓励。

{ 所谓人脉
都是等价交换 }

罗同学的两个校友，是这个问题的最佳答案。

一个是"交际花"，一个是"书呆子"。

"交际花"是整个学校的万事通，热衷于参加学校的各级学生会和各种社团，全校的八卦他都知道，哪个系的美女和帅哥他都认识，去小卖部买个东西，一路上遇到的不是他的姐们儿就是他的哥们儿。

"书呆子"是每个班上都会有的那种戴着黑框眼镜、穿着浑浊的格子衬衫、很少说话、极其枯燥的那种人。他基本上只来往于教室和实验室，在班上存在感为零。大学快毕业的时候，大家都还叫不出他的全名。

毕业之后，"交际花"去一家特别牛的媒体当记者，简直老少通吃、风光无限啊。他跑了好几条线，医疗、教育、餐饮……他什么都跑过，因为特别会来事儿，跟谁都熟络。他厉害到什么程度：从各大医院的院长，到修摩托的小弟，感觉全城有一半儿的人他都认识。在医疗资源紧张、挂号都挂不到的情况下，他还可以选最牛的专家和最好的病房。在入学极难的情况下，他家小孩儿上小学还能在全市两大名校中选伙食更好的那个。在排队等位动辄要等两三个小时的热门餐馆，他一个电话，老板就腾出一个包房来了。跟他在一起，不管去哪儿都是享受VIP待遇的。

"书呆子"大学毕业之后，继续留校读研究生、读博士、读博士后，继续没有存在感。他可能对代码比对人类还熟。毕业好几年，大家搞同学会，每次都忘了叫他。网上建的同学群，也忘了把他拉进来。我本来还想再说点儿关于他的事儿，想了想，好像没了。

前年开始，"交际花"所在的媒体有点儿走下坡路了，他想趁着这么多年积攒的这么多人脉，把资源整合整合，干点儿什么不能成功啊！于是，他辞职出来创业了。一开始他的人脉还是有点儿用的，给他带来了一些内部信息。过了一段时间，他就发现有点儿不对了，之前的人脉不太好使了，比如说他想请投资商吃饭，给餐馆老板打电话，对方说不好意思，没有包房了。因为创业压力太大了，他长期失眠睡不着，头痛得太厉害，他想去医院看个神经科，给院长打电话，院长已经不接电话了。差别最大的还是中秋节，以前还在媒体的时候，中秋节能收到几十盒月饼，都是各个机构送的，而创业这一年的中秋节，他只收到两盒，都是消息滞后的机构送的，他们还不知道他已经离职了。在他看到那两盒月饼的那一刻，他明白了一件事儿，他之前所有的人脉不是因为他本人，而是因为他背后所在的强势媒体。

"书呆子"读博士后的时候，因为做一个项目，被合作方的主管看中了，邀他一起出来创业，并对他承诺，他什么都不用管，只要专注于技术就行。"书呆子"想着这样也好，更省事儿了，继续埋头在实验室。不知道他怎么瞎折腾，折腾出一个超牛的专利技术来。他们公司就靠这一项专利技术，成了风投界眼里的抢手货。去年，他们公司A轮估值就已经5个亿了，据说他占了60%以上的股份。

这个时候，所有人都知道了他发达了的消息。多年失联的小伙伴们纷纷上线了。他的微信每天都有几十个人要加他，都是自称"很多年前就看好他，一直默默关注着他，认为他一定会成就一番大事业"的人。

当他站到了这个位置的时候，他会被邀请出席各种活动，主动来跟他攀谈的，都是平常在电视里经济新闻和娱乐新闻才会出现的名人。

去年底，"书呆子"的妈妈需要做心脏手术，本来想送到美国，但是他妈怕坐飞机，得在国内医院做，但是国内心脏科最好的医院已经排不到号了，他也有点儿急了。不知道这个风声是怎么走漏的，几天之内，他接到各种电话，都是抢着要给他帮忙的。有个大咖直接帮他约了国内最权威的医生，速度好快。

"书呆子"被他曾经的大学同学们称为传奇。尤其是他们发现，"书呆子"的微博总共只发了十几条，但关注他的全是好几个领域的大咖。"交际花"对"书呆子"的人脉格外不忿，尤其让他不爽的是，他每次好不容易接到一个语气特别急切特别谄媚的电话，一般都是说："听说你是×××（'书呆子'的本名）的同学，能给我他的电话吗？"

他们两个的故事，说明了两个问题。

第一，什么叫人脉？就这个问题，我专门采访了北大一位教授，他说，人脉就是一种"价值交换"，建立在双方都有利用价值的基础上的。

人脉和朋友不一样，朋友之间更多的是情感交流，不是建立在利益的基础上的。

"交际花"以前的利用价值是建立在他背后的平台之上的，他所谓的人脉，想利用的是这个平台，而不是他。等到他一旦离开这个平台，他的利用价值瞬间就被消解了，他成了nothing（无关紧要的人）。

说白了，人脉也是要门当户对的。

第二，要先有实力才有人脉。有人说得特别好，说人脉是成功以后的结果，而不是你通往成功的途径。

当你强大到一定程度的时候，你就可以吸引到同等强大的人脉资源。就像"书呆子"，他从来没有花过一分钟去刻意结交某个人，维系某段关系，然而当他牛了以后，不同领域的人脉都自然会向他靠拢。反观"交际花"，因为他把所有的时间都花在了社交上，他在专业领域没有任何长进，他先后创业两次都没有成功，因为都出现了大方向上的判断失误。哪怕他花了一部分时间在修炼他的业务技能上，他都可以保住一部分人脉。

很多大学生的困惑是到底应该把时间花在提升自己还是积累人脉上，我想说的是，还是先提升自己的实力，把自己变得更强大。与其你去寻找和笼络人脉，不如你变成别人都想结交的人脉。

当你一无是处的时候，你以为你跟某个名人拍了个照片，跟某个行业大牛握了次手，他们就是你的人脉了吗？在他们眼里，你就是个小透明。不是他们势利，而是他们跟普通人一样，只能看到跟自己同等高度的人，以及仰望站得更高的人。

普通人想和马云做好朋友很难，想和赵薇做好朋友也很难，但是马云和赵薇却可以成为好朋友，因为他们是对等的。

有句话很伤感，但不得不承认它是对的："那些特别急切想结识别人的人，往往就是别人最不想认识的人。

{ 你可别想得太多 而做得太少 }

[1]

作为一个写作培训讲师，我被问到最多的问题就是：

老师，我不知道自己适合写什么类型怎么办？

我不知道哪种文风适合我怎么办？

我想专职写，又怕赚不到钱怎么办？

我每次的答案都很简单，那就是你不停地写写写，写着写着，你所有的迷惑都会烟消云散。

其实我当初写作时，同样也有类似的迷惑。

我不知道自己适合写什么，不知道要选择哪种文风，不知道自己能不能赚到钱，不知道自己在这条路上能走多远。

这些迷惑让我很不开心，也浪费了很多的时间。但我始终想不明白，所以始终有迷茫。

后来因为丢了工作，想给自己一个机会，于是我做了全职撰稿人。那时候已经没有退路，因为我知道，这一辈子我可能就只有这一个做全职的机会，如果做不好，肯定乖乖滚出去找工作。

那段时间我特别努力，每天早早起床，写文章，投稿，看别人的文章，看新闻，看书，找素材。就连出去逛街，一边看着琳琅满目的东西，一边在脑子里构思文章。

除了吃饭睡觉，所有的时间都留给了写作。其实即使在睡梦中，还是会想写作的事儿，常常半夜爬起来把灵感记下来。

这样努力了几个月后，文章开始铺天盖地地发表，看着一沓沓的稿费单，能不能靠写作赚钱的这个迷惑终于变得清晰明朗。

那时候我是什么类型都写，只要我觉得自己能写的，基本上全都写了一遍。然后在这个过程中，我慢慢摸索出一些经验，知道哪些文体是受欢迎的，哪些文体是冷门的，哪些文体是没有办法出书的，哪些文体是只能流行一时的。

根据这些经验，我开始做一些调整，写受欢迎的，以及可以长时间流传的。那种过几天就会被淘汰的文章，那种求奇求怪的文章，我慢慢不再写。于是，写什么类型这个问题也得到了解决。

我当然也试过很多的文风，唯美的，幽默的，朴实的。我自己并不知道哪一种是适合自己的，只是怎么顺手怎么写。

后来有读者说，你的文章很幽默很朴实很接地气，我好喜欢。于是我知道，朴实和幽默是适合我的。或者说，是我能够轻松驾驭的。于是，写什么文风这种问题也迎刃而解。

经历过这些，我很能理解大家对各种问题的迷惑。但是我要告诉你的就是，当你迷惑的时候，你不用到处找答案，最正确的方式，就是好好地写，努力地写。

当你做得足够好，所有的迷惑都会拨开云雾见日出。

[2]

有位姑娘给我留言，她说刚刚找到工作，是一个很无趣的岗位。在这个岗位上，她看不到任何前途。

我问她，如果不做这份工作，你能做什么？

她想了想，说：我也不知道自己能做什么，而且，我也不知道自己喜欢什么，适合什么。我是不是很糊涂，是不是没救了？

当然不是，这是很多年轻人的困惑。很多人都是这样，不知道自己能做什么，也不知道自己喜欢什么。唯一可以确定的是，他们不喜欢目前的工作。

我对姑娘说，既然你什么都不知道，那现在只有一条路，就是做好你眼前的工作，尽你最大的努力，把它做到极致。

这话姑娘听进去了，她开始调整心态，积极主动地去工作。即使是一件无足轻重的小事，她也全心全意去做，尽量做到不出一点差错，尽量去提高效率，去让整件事情更完美。

以前工作时总想偷懒，有些麻烦的事情不愿意做，现在不管有多么麻烦，哪怕是顶着烈日出去做问卷，她都毫不迟疑。不但去做了，还会在这个过程中不停地总结、反思。

她的努力大家当然看得到，她在办公室的存在感越来越强，与此同时，她自己也学到了很多东西，得到了很多经验。

后来领导把比较重要的事情交给她去做，她同样全心全意做到最好，再后来，当然交给她做的重要事情越来越多，而那些不太重要的事情，都慢慢转移到了新员工的头上。

现在她已经做了小组长，有了自己的小团队。那些曾经让她迷惑的问题也都有了答案。

她说，她现在知道自己适合做什么了，也知道自己喜欢做什么了。

只要你用心去工作，在工作中不断磨炼自己，提升自己，慢慢你就会发现，所有的迷惑都被抛到了脑后，很多事情都变得越来越清晰明了。

[3]

昨天看稻盛和夫的《干法》，他在书里讲了自己年轻时的经历。

大学毕业后，他进入一家很糟糕的公司。所有人都表示同情，即使到小卖部里买东西，老板娘也会一脸同情说，你怎么进了那样的破公司？

他对这家公司很失望，整天抱怨个不停。

跟他一起进来的小伙伴们一个个辞职离开，他也想辞职，但那时辞职比较麻烦，需要家里寄户口簿过来。哥哥不同意寄，怪他瞎折腾。

也就是说，他根本就没有别的路可以走，只能在这家公司继续待下去。

他为此抱怨了很久，也沮丧了很久，他不知道自己的未来在哪里，他不知道如何面对别人的嘲笑，他对所有的一切都感到迷茫。

但后来他意识到，一直这样下去，根本于事无补啊，不如好好工作，说不定还有转机。

于是他真的好好工作了，每天都干劲十足，甚至抱着自己的产品睡觉。当然，有时间还会看专业书籍，不断地给自己充电。

这样的努力，终于有了成效，他研发的产品得到了市场的认同，他在公司也变得越来越重要，甚至到后来，以他一人之力，挽救了濒临破产的公司，为公司赢得了源源不断的订单。

后面的事情不再有悬念，他创立自己的公司，他变得越来越优秀，一步步走上人生巅峰。

曾经的那些迷惑还在吗？

当然不在了，不然也不会写书告诉大家，好好工作，好运就会降临。

　　我们都会有迷惑，这很正常。但是，当你迷惑的时候，请你不要仰头望天，而要低头看着手里的工作，专心把它做好。

　　当你积极主动地去工作，把全部的心思花在工作上，不断地去提升自己，不断地去总结经验，慢慢地你就会发现，好运悄然降临。那些迷惑，全都在这个过程中有了答案。

　　我们之所以迷惑，就是因为我们想得太多，做得太少。

　　很多问题，做着做着就没了。

你不甘堕落，却又不思进取

{ **你以为他们在偷懒，
其实他们都在暗自努力** }

我有一个朋友叫老高，这两年越来越美，与高中时的她甩出八条街。同学群看到老高现在的样子，纷纷一口咬定老高整容了；我把照片发在微博上，本来想励个志，又有无数人涌上来说"肯定整容了"。老高长大后学会化妆，往脸上招呼各种化妆品不假，但整容是绝对没整过的。很多人问老高怎么就能这么瘦，怎么保持好身材。老高的秘诀就是：健身，锻炼，努力工作，一天十几个小时，都是体力活。她在日本开饭店，人手不够需要自己刷盘子，收钱，打扫卫生；同时还做做代购需要不停地购物，打包，搬来搬去发货。每天累得跟狗一样，怎么会胖？为什么和她有差距？或许她在对着视频学化妆的时候，你在晒着太阳睡大觉，然后，她就出落成美人儿，你还是毕业时那个土土的你，就这么简单。

在学校时候差不多的同学，毕业后经过几年的闯荡，无论是社会地位，经济收入，样貌身材，生活状态，都千差万别的。一天半天的努力看不出什么差距来，但日积月累就特别可怕。人是在不断发展和变化的，上学时候用不上的能力，没准进入社会就恰好用上了；小时候对学习没用的能力，没准后来就成为人家吃饭的本领。人生无常，际遇难耐，自己原地踏步好几年，看见别人飞黄腾达，就开始泛酸水。我们之所以泛酸水，是因为没有能耐赶超别人，又不愿意承认别人比自己强，总觉得你应该跟我一样才是正常，于是用恶意的揣测来让自己心安。

这样想了之后，我们就过好了吗？

我第一次认识小令的时候是在几年前，一个游走四方，放弃哈佛耶鲁offer创业，最高纪录一天赚10W的姑娘，哼哼，有什么了不起的，长这么漂亮，肯定不是亲爹有能耐，就是背后有干爹，否则一个大学生，还是个女孩，怎么会有这么大的能耐。那时候的我和她，在同一家出版社同一个时间段出书，一来二去过了好久才相熟。今天的我其实依然不知道，小令是如何在大学就能创业还能赚得满盆金箔，如何在最高潮的时候放弃第一个公司转入时装定制行业，又是如何在第三次创业中，半年开起了三家沙拉店。我只见过她为了创办起沙拉店每时每刻的努力，今天奔波好几个城市选地址，明天精打细算地订家具，后天自己徒手上阵钉钉子装修，大后天与商场的霸王条款做斗争，斗争不过一个人坐在路边哭。当我自己坐在空调房中听着音乐，喝着咖啡，和朋友聊着小天的时候，小令在同一个平行的时段内，经历着与我天壤之别的生活。她不仅没有干爹，还帮家里还了好几年的外债。这样一个姑娘，当她能一个人半年开起三家店，她赚得比我多得多，过上了比我好的生活的时候，我有什么不平衡的？

每当看到比自己优秀的人，我总是提醒自己，他有哪些优点我自己没有，我应该向他学习什么。即使对方有背景有关系有门路，那也一定有其他优点才能成功。比如有的人喜欢交际人脉广达，而我自己没事就喜欢钻家里不说话；比如别人每天坚持看一段TED的英文演讲，日积月累就会比我强很多。当看到别人很优秀的时候，第一反应应该是找到自身的差距，而不是抱怨和挤对别人努力的行为。就算把别人的关系和门路放在自己身上，我是否能做得跟他一样好？还是依然烂泥扶不上墙？

我们生活的环境里，大多数人的资质和背景都一样，当我们原地踏步的时候，总有一些人在不停歇地往前跑。有一天，当我们再次相遇的时候，别觉得别人在跟你炫富，别觉得别人都在装，那是他们那个层次里最普通不过的生活。

当然，每个人的志向不同。有人喜欢平淡如水的生活，有人喜欢刀光剑影的商场。但无论在怎样的环境中，努力是一门必修课。生活不易，即便是不断往前跑还会过得着急忙慌。看见别人的努力和成功的时候，请为他的优秀点个赞，而不是背后默默捅一刀。

{ 世界之所以对你不公平， 是因为你跑得还不够快 }

前几天，朋友约我出去吃饭，一看她的脸，我就知道一定是在哪里又受了气。果不其然，没吃几口，她就开始咬牙切齿地说："如果我将来当了报社领导，第一件要做的事儿就是把我们部的主任给辞退。每次我独立写完一篇大稿，他都会在发表时想尽理由在我名字前罗列上一串名字。这一次，一篇报道获了国家级大奖，他们一点东西没做，署上他们的名字，我也忍了，可是竟然把奖金也要平分！老娘我不伺候了！"

朋友二十七岁，工作四年，勤勤恳恳、没日没夜换来的待遇却和刚刚实习的大学毕业生没有什么区别：被署名、被分奖、被共享成果。我依稀记起大学时，我在杂志社实习时，也遇到过这种情况。

有一天，主编把我叫到办公室，指着那篇本来是我写的、但是署着别人名字的文章说："这篇文章，怎么回事儿？怎么没有你的名字？"我虽然心里在纳闷主编怎么知道是我的文章，但还是微笑着说："做实习生，不是都应该如此吗？写上前辈的名字是应该的，他教会我很多东西。"语气里带着心甘情愿的坦然。

主编又问："你难道不想知道我为什么会知道这件事情吗？"我尴尬一笑，她说："你的文章很有风格，和我们杂志社的每个人都不一样。这篇文章任谁也不会相信是一个在中层做了十几年领导的人写出来的，定是一篇初生牛犊不怕虎的、带着新锐性的年龄人写的，我都能闻到风风火火的味儿。"我心里暗自嘀咕："那又怎么样呢？还不是要署上别人的名字。"她似乎看出了我的心思，继续说："因为各种原因，很多杂志社都存在这种问题。你现在觉得会有些委屈是因为你的弱势，你经验不丰富、能力还不强，但一定不要把这理解为心甘情愿，你这是在蓄积力量。等到将来某一天，你成为知名记者时，你手中的资源、你的能力、你的经验都足够多的时候，你一定不会再受此待遇。所以，要想自己保护自己的成果，就努力向前跑。当你甩出别人几千米时，别人就不会再'潜规则'你。"

虽然后来，我没有继续自己的记者生涯，但我很庆幸，在初入职场时，有前辈给我说了这些话，她让我知道：之所以别人打压、挖苦、讽刺，甚至利用你，都是因为你还没有能和期望匹配的强大；你之所以感到委屈、不甘，是因为你拥有得还不够多。

设想，如果我们有一百个苹果，别人抢走二十个，我们还能有八十个；而如果我们只有二十个苹果，别人抢走二十个，我们就空空如也。在这个社会上，我们很难去制止别人"不去抢走二十个"，很多时候，我们能做的只是增加我们的储备量。增加储备量，并不意味着我们随便丢弃那"二十个"，毕竟它们也是我们的劳动所得，而是一旦被抢走，我们不会弹尽粮绝，不会觉得天要塌下来。

爱自己的方式之一就是让自己的心情处于相对平稳的状态，不大喜、不大怒，对你争我夺的事儿云淡风轻，反正自己已有足够的能量，谁还会在乎这点蝇头小利，如同富豪不会在商贩面前为了几块钱的东西而吵得面红耳赤一样。让自己有资本对不想掺和、不想纠结的事儿置身事外，也是一种能力。

有时，我们都未必能体会因为"不够多"而感到"委屈"的杀伤力有多大，无论这种"不够多"是在精神层面，还是在物质条件上。

两个朋友从初中时就谈恋爱，连大学在异地都没能让他们分开，周围所有人都相信他们一定会牵手一辈子。但大学毕业后，男生为了自己的音乐梦想苦苦追寻，居无定所不说，赚得那点钱，根本无法维持生活，只能依靠女生的每月三千多块钱的工资过活。女生有过抱怨，出门再紧急也不敢花钱打车，逛商场只能是逛而不能买，公司的同事发型换了十几次了，她却只能简单地梳个马尾。但这些她都能忍，都觉得为了支持男友的梦想是应该的。

直到有一天，她发现自己怀孕了。她知道按照两个人的家庭条件和现在的生活状况，孩子出现得太不是时候，她不能要，她们生不起孩子，即便孩子有幸出生了，她们也没有能力给他哪怕稍微好一点的生活。

于是，她背着男生把孩子偷偷打掉了。但这个没有出生的生命在她的生活里却再也挥之不去，如同在她的评判系统中树立起了一个标杆，一切都开始以它为基点。所以，男生的努力再也没有了梦想的滋味，剩下的只是无所事事和不负责任。他的一切在她眼里都变了味，更多的时候，她思考的是：我凭什么要过不能打车、不能买衣服、不能做头发的生活？还不是因为你不挣钱！

无数次地争吵之后，两个人义无反顾地分手，朋友们都说他们恐怕连敌人都做不成，敌人还会互相伤害，而他们却连多看对方一眼都不肯。

不就是因为"钱不够多吗"？有多少曾经发誓生死不离的人，一旦涉及买房、买车的时候，就转身和另一个人共赴未来了。不管两个人的感情多么的坚固，如果持续地、不对等地让一方感到"不够多"，那这个人的委屈定然会发酵的，一点点蓬松起来，直到两个人的感情空了心。

我不觉得钱会有够了的时候，我也不相信没有钱相爱的人就会分开，我只是确信：一个人的委屈到达足够量的时候，她眼里的一切都会变质，她不想都不行。

有一天，一个女孩儿问了我一个看起来有些好笑的问题。她说自己努力学习，可到了考场上，压根儿不学习的室友却让她把答案给她们。她不想，但也怕伤及情谊，只能给了，但觉得自己委屈极了。她问我怎么做。

我没有告诉她社会是如何的公平，或者要去相信努力就一定会有收获这类事情，我不让她去管这些自己不能把握的事情，我只说：你要让自己拥有的足够多。

如果你只拥有考场上那几道题的答案，那他们拿走了，就真的拿走了，说不定得分还比你高。你要拥有他们拿不走的东西，比如持续的学习能力，比如除了学习专业知识之外的其他的能力，包括人际交往能力。你觉得委屈，很多时候是因为他们拿走了你仅仅引以为傲的那唯一的资本。

后来，我读大学的表妹向我抱怨说："快期末考试了，大家都在挑灯夜战，我好怕平时不学习的他们，把我平时努力学到的东西，在几天之内就学会了，如果这样的话，就好不公平啊！"我告诉了她同样的话。如果你平时的学习，只是学到了试卷上的几道题，那你活该委屈。

所以，当你觉得委屈时，别浪费时间去打量这个世界是否公平，没有任何作用，唉声叹气、哭天抢地都没用。让自己拥有的足够多，让自己不断地强大，这样，别人想要对你不公平，似乎也无从下手。更何况，随着你拥有的足够多，他们会自然而然地退出你的生活，因为你已经甩出他们太远，他们已经追不上你了。

嗯。跑得快一点，别和他们同一水平线上就是了。

{ 你不思进取，又怎么 能碰得到金字塔顶端 }

[1]

记得当年宿舍里几个姑娘立志考研，约定好早上六点一起去图书馆占座，李莹的动作总比我们慢十分钟，我们都准备要出门了，她才舍得从床上爬起来穿衣洗漱。每天早上她自己定的闹钟都会重复播放无数遍，我们几个也会轮番喊她的名字，试图把她喊醒。可她就是无动于衷，上一秒嘴里吆喝着"又起晚了"，下一秒迅速回到梦中。

有些时候她还会埋怨我们不把她叫醒，或者会责怪我们几个拉帮结派，让她自己一个人。听到这些话，我和其他几个舍友总是相视而笑，并不回应。

其实，当一个人决定去做一件事的时候，一分一秒都不会耽搁，执行力这件事永远掌握在自己手中。

我们这群旁观者并不是什么救世主，想要别人的监督来让自己有进步的动力，但不论别人如何鞭策，却始终待在原地不动，任谁也帮不了你。

所以，录取结果公布那天，我和其他几个舍友约好去学校门外的饭馆儿好好撮一顿，唯有李莹不愿出席。

从我们开始起早贪黑每天三点一线的时候起，其实就已经看到了每个人的未来。每个人的结果都在意料之中，但李莹一直不甘心地认为自己只是缺了那么一点好运气。

直到现在我都记得，她用两只手托着下巴，眼睛一眨一眨地盯着我们几个看来看去的样子，嘴里一直念念有词"真羡慕你们啊"，语气里好像也带着那么一点妒忌。

她说自己想不明白，为什么我们就比她在自修室待的时间久了那么一点儿，就能考上自己心仪的学校和专业呢。

我们几个人依然沉默，不知该如何向她阐述备考这一年里的生活。

寒冬腊月的早上，我们会排半个小时的队去自修室占位置，脸颊冻得通红，只能不断地哈气来让自己感受到一点温暖。而她那个时候，一定正走在路上磨磨唧唧准备去吃早饭。

当我们待到晚上十点准备回宿舍的时候，她的电视剧已经看完了两集。

我们回去开着台灯刷题背书的时候，她已经敷完面膜准备睡觉了。她几乎每天都在不停地对自己质疑，担心考不上，但是也从未想过去争取，并为此竭尽全力。

也许她不懂，付出和回报永远都是等价的。如果认为自己得到的不够多，那只能说明，做的还是太少啊。

[2]

因为有些不甘心，她说自己想再试一次，于是一头扎进"二战"的浑水中。

我们时常会给她传授一些经验，想让她少走一些弯路，并且天真地以为她会发愤图强。但让我没想到的是，她依然无所作为，不思进取。她的朋友圈每天都在刷屏，内容无非是哪个明星离婚了，某某餐厅在打折，自己又买了什么样的新衣服。有一次忍不住给她评论，劝她收收心。她回我：这次肯定也考不上了。那一刻我突然知道，扶不起的阿斗原来在生活中无处不在啊。

我没有再继续关心她的考研有没有一个好的结果，舍友之间的聚会，她也一次都没有参加过。

其实，她给我打过一次电话，告诉我她压力大，时常焦虑觉得迷茫，不想安于现状但又无力摆脱。言语中无一不在羡慕我们几个终于离开了"囚笼"，过得舒坦又自在。

我也费尽口舌给她开导了半个小时，把所有听过的正能量的话都告诉她，让她了解自己现在的生活，想让她重燃为之努力的动力。但遗憾的是，当一个人堕落起来，是很难听进去别人讲话的。那天挂掉电话之前，她说自己追的剧马上要更新了。

我不禁感慨起来，懒惰是一种奇妙的东西，起先只是在心里撒下了种子，然后慢慢在你身体中生根发芽。你上了瘾，中了毒，觉得惶恐，觉得焦虑，觉得不安，却不肯狠下心来付出一点努力。你百无聊赖地去生活，却好似也乐在其中。

这个世界上没有谁能够真正拯救你的生活，如果你想从生活的泥潭中挣脱出来，靠的只能是你自己。

[3]

有时候，即使你和一个人处在相同的环境中，却依然可以拥有与之截然不同的人生。比如说，当年和李莹是上下铺的王瑜。

王瑜就读的研究生学校是985、211，没有毕业之前就已经和一家上市公司签了合同，工资待遇都不错。在那个工作岗位上干了半年左右之后，她告诉我自己准备参加国考，冲一次公务员。

我当时特别不理解，因为在我看来，那份工作可以带给她很多普通小女生望而远之的东西。

我就问她：为什么？

她说：我想要再拼一次，现在的状态完全不是我想要的。

备考的那段时间，她几乎每天都泡在自修室，一直待到保安来催要关灯了，才会拿着书本回到宿舍，通宵达旦是那个阶段中的常态。好在几个月的努力没有白费，她如愿以偿去了自己喜欢的岗位。

有时候我觉得她就像个小太阳，自带光芒，让人看见她就感到神清气爽。有一次我对她表达崇拜之情，她对我说：喂喂喂，你也可以啊。

只要下定决心迈出第一步，不论经历多少打压都不选择放弃，向着自己心里的目标用力跑过去，大不了摔倒了再爬起来，到达终点的时候，你就会知道，原来想象中的简单其实荆棘丛生，但走过的那些坎坷和困苦都会让你日后去感激。

是啊，她说得很对，我们眼里那些所谓的成功人士好像都具备不服输的特质，只要有一个心心念想要去实现的事，他们就会拼尽全力去争取，即使一路上再困难也要往前跑。

就像村上春树说的那样：世上有可以挽回的和不可挽回的事，而时间经过就是一种不可挽回的事。也许，不负光阴就是最好的努力，而努力就是最好的自己。

[4]

很多人对现状都有着千万种的不满意，但有人喜欢拿"顺其自然，随遇而安"来安慰自己，敷衍人生道路上的荆棘坎坷。

但却不知，真正的顺其自然，是竭尽所能之后的不强求，而非两手一摊的不作为。与其对当下的生活满腹牢骚，不如努力地去改变。

也许你也曾把身边的某个人当作奋斗的目标，试图踮起脚尖，去触碰他所处的高度。因为自己的平庸，所以会去羡慕那些走到哪儿都带着光的人，欣赏他们的为人处世、行事作风，感慨他们在生活中的处事不惊、游刃有余。

在我们眼里，好像他们的人生只有绿灯，可以一路直行，没有所谓的阻碍和磕碰，但却没看到他们光鲜亮丽的背后其实是汗与泪的相处。于是，你在一次次的踮脚伸手中感到了疲惫不堪，即使你心中对他的位置依然向往，却也最终选择了放弃，因为贪图安逸，或者懒惰成性。

但你不知道的是，其实只要你再用力一点点，就有可能碰到金字塔的顶端，更有可能看见别样的风景。

你不甘堕落，却又不思进取

{ 听过很多道理，
你就该去做啊 }

也许有人觉得这是鸡汤，听过了很多大道理依然过不好这一生。但总会有一个人的只言片语就决定了你的人生，即使你后来才发觉。

[1]

38岁那一年，我纠结着要不要去读一个两年期的放射照相术大专学位。

我当时告诉了一个朋友，并且几乎说服自己放弃了。我说："我现在读书太老了，当我拿到学位就40岁了。"

我的朋友说："如果你不去读，你同样会活到没有学位的40岁。"

我现在快60岁了，那个学位是我从艰难度日到体面生活的关键改变。

[2]

我的妈妈临终之际，一个朋友告诉我："你可以用你的一生去痛苦、颓废——但不是现在当着她的面。"

这句话对我真的很有帮助，它让我明白我的情绪不总是最重要的。

人有可能推迟自己的负面情绪，这个技巧让我受益无穷。

[3]

我年轻的时候，跟初恋女友有一次关于正式关系的讨论，我告诉她我只是想找到一个对的人。

她毫不犹豫地接着说："每个人都在找对的人，但没有人试着变成对的人。"

我竟无言以对。

[4]

"只有你自己尴尬的时候，才会让别人也觉得尴尬。"这句话永久地改变了我的生活。

[5]

记得13岁那年，我正在教6岁的妹妹怎么从游泳池边跳进泳池里。这事儿废了我老鼻子劲，因为我妹真的很恐惧跳水。

当时我们是在一个大的公共泳池，旁边有一位七十岁上下的老奶奶，慢悠悠地游来游去。突然她停了下来，并盯着我们。

我给了妹妹一些压力，努力让她试着跳一下，我妹妹却大哭起来："我就是害怕！！我很害怕！！"就在此时，老奶奶终于朝我们游了过来。

那位老奶奶看着我妹妹，把她的拳头高举在空中，说："那就先害怕一会儿吧，然后硬着头皮去跳！"

你不甘堕落，却又不思进取

那是35年前的事情了，我至今记忆犹新。它给了我一个启示：害怕不害怕并不重要，重要的是感到害怕之后依然去行动。

[6]

我认识一个坐在轮椅上生活的人。有次别人问他被禁锢在轮椅上是不是很难受。

他回应说："我没有被轮椅禁锢，而是被它解放了。如果不是还能坐在轮椅上，我就会一辈子卧床不起，也就永远别想离开我的卧室和房子了。"

让人震惊的视角。

[7]

你一生中花时间最多的那个人是你自己，所以尽可能让你自己变得有趣吧。

[8]

我学会了给予，并不是因为拥有的很多，而是因为我知道一无所有是什么感觉。

[9]

"你遇到的每个人都知道一些你不知道的事情。"我爷爷曾对我这样说。

这句话现在时常提醒我，三人行必有我师。

[10]

我们评断别人往往根据他们的行为，评断我们自己却基于自己的出发点。这让我对人性思考良多。我试着告诉自己，当一个人站在我前面时，并不意味着我真的了解他。

[11]

"我不害怕死亡，死亡是一个人的赌注，目的是为了玩好生命这个游戏。"这是我读过的最有用的一句话，它帮我如何对待自己的死亡。

[12]

一个好朋友告诉我，"你必须对不舒服感到舒服"。

[13]

人们不会记得你说的话，但是会记得你说的话给了他们什么样的感受。

[14]

如果事情很容易的话，是个人就会做，还需要你干吗？

[15]

我叔叔告诉我说，"抑郁症本身，经常伪装成是一种理性思考。"

[16]

不知道在哪儿看到一句话，"在现实生活中，渣男经常认为自己是好男人。"

[17]

英国作家C.S路易斯说，"每一天好像没什么大变化，但当我们回望过去的时候一切都不一样了，这难道不是很有趣吗？"一天过得很慢，但一周过得很快，一年就更加飞快了。

[18]

"上学确实很贵，但不上学的代价更昂贵。"当有人对我说了这句话后，我最终还是去学校读书了。

[19]

明年这个时候，你会希望今天就开始行动。

[20]

做一件事情仅仅是为了做本身，而不是为了完成它。

这是我老师说的。当我不断前行时，它经常让我思考自己做事的动机。

[21]

为了他人的温暖，你没有义务把自己放到火上烤。

这句话深深地震到了我，它让我明白即使别人需要帮助，也要在自己力所能及的范围之内，不要不计代价地照顾别人。

{ 懒惰的人
其实最不可爱 }

[1]

我第一次认识到懒惰不可爱，是在10岁左右的年龄。

隐约记得，那约莫是一个夏天。外婆家里发生了突发事件，爸爸妈妈不得不立刻回去处理。在匆忙之下，我就暂住到林阿姨家。

林阿姨是妈妈中学时代的朋友，认识多年，家中还有一个与我年龄相仿的女儿，妈妈觉得住在他们家是一个比较安全的选项。

林阿姨的家70多平方米，一进去暗沉沉的，东西摆得乱七八糟，看起来不知多久没有收拾过。

林阿姨安排我和她的女儿住在一起，那个房间的卫生情况简直可以用"恐怖"来形容，书籍到处乱放，丢满箱子和垃圾袋不说，死角处是极其显眼的污垢，洗手间的卫浴的整洁程度可以用"恐怖"来形容。

林阿姨的丈夫是区政府的小职员，林阿姨则在附近的商场工作，生活不算富裕，但绝对不是拮据的。

第一天到她家的时候，晚餐是林阿姨的女儿花花给全家做的泡面，她拎着沉重的水壶把热水倒盒子里，过一分钟，用塑料叉子随便搅拌一下就可以吃了。

这种日子并非偶然现象。

林阿姨家的食物主要以速食食品、外卖快餐为主。食物品质不是太油腻，就是太咸。水果和蔬菜严重摄入不足，更别提什么营养均衡了。

林阿姨和林叔叔工作并不忙。他们晚上下班回家后，一个坐在电视机前看电视，一个出去打麻将；有时候，食物还是花花从楼下的外卖店买回来的。

他们有很多娱乐活动，却没有人愿意把堵塞的洗手盆通通，或者给女儿做一顿可口营养的饭菜。

有一天，我实在忍不住，问了花花："你们家为什么不做饭啊。"

"懒呀。"花花瞪着大眼睛看着我，似乎我是一个没有见过世面的胆小鬼，"我妈妈觉得烧饭好累，我爸爸也不喜欢做。"

"那好歹也得收拾一下家吧。"

"好麻烦，他们懒得弄。"

我忘记自己当时说了什么。

不过，我仍然记得那一刻的"不安"。我坐在椅子上环视着四周，到处都堆满废纸箱、杂物、无用的塑料袋；你永远不知道掀开这个箱子，后面会不会隐藏着可怕的污垢，或者什么细菌昆虫；打开冰箱，一股异味扑面而来，里面是长着白毛的剩菜。

身为年幼的孩子，不知道这种困境是婚姻带来的，还是其他原因造就的。唯一的念头是——懒，真的太吓人了。

[2]

在漫画里，小说里，懒惰的小女生，或者是从来不洗袜子的男生，都显得多么的可爱，真性情。主要的原因大概是，他们在某个领域拥有惊人的毅力、技能，造成一种反差萌；而且，创作者从来不会针对他们屋子里的老鼠啊，蟑螂啊进行细细描绘。

实际上，在生活中懒惰是完全不行的。

大概明知道懒惰是不太好的事情，却又无法战胜，干脆找出许多奇怪的角度进行辩解。

比如说大学暑假，其他同学都备战GRE，申请实习，冒着大太阳去赚钱攒经验；你则选择去丽江7日游，打着"趁年轻看世界"的口号，拿着父母的钱去玩乐；大四毕业时，其他同学的简历里写满相关实习经历，你却抓破脑袋编都编不出来。

比如说工作以后，其他同事要么忙着学语言，业余时间拓展小事业，要么就是天天去健身房跑步，忙得不亦乐乎。

你懒得行动，安慰自己人生很长，一切都还来得及。5年过去，你除了精通电视剧和天涯八卦，体重飙升到65公斤，医生建议你少吃油腻多运动；而那个精力旺盛、孜孜不倦上进的同事，已经跳槽到更牛的公司，薪资翻了不止一倍。

在工作上懒惰，意味着丧失机会；在打扮上懒惰，顶着油腻腻的头发到处晃悠，也别怪异性太势利不愿意与你约会；在恋爱中懒惰，对于经营感情丝毫不上心，对方也难免会怀疑"你到底爱不爱我"……

如果你又懒又爱用"真性情""淳朴没有野心"之类的话给劣根性开脱，抱歉，你的生活质量一定会逐步下降。

除非你运气超常，碰上一个纵容、照顾你的另一半，他身负重担，白天帮你赚钱，夜里帮你料理家务，问题是，这样的受虐狂到底有多少呢？

[3]

在微博上看过一个PO主说的"真正的女人不应该去职场打拼，应该没事去做做面膜，回家有保姆做家务，同朋友喝喝下午茶，慵懒地活着，才是人生"，下面有一群人各种点赞，评论Po主说得好。

我其实不太认同这个观点，虽然生活确实有很多形态，即使是家庭主妇，保持一个积极不慵懒的状态，对于家庭也是有许多好处的。

我在今年三月份的时候，有过一段相当慵懒的时期。

每天基本醒来翻翻书，中午找朋友吃饭，下午去咖啡店买咖啡樱桃派，晚上再看部电影，总而言之，就是不干正经事儿，怎么闲怎么来，除了吃就是玩乐。这种状态开头是舒服，然后就是虚无，最后是开始焦虑和丧失活力。

那段时间倒是不累，不过身体倒是不好，朋友都说我脸色苍白，个人精神状态也逐渐萎靡；无论有多少朋友的陪伴，有多少餐厅可以吃，这么活着，终究是要丧失活力的，那种感觉就是想做一件事情，但是精神、体力很快就倦怠，然后就会想再懒惰下去，进入一段恶性循环。

要在"懒懒"的状态振作起来，其实还挺痛苦。如同一个常年不运动的人，想要精力充沛地跑马拉松是根本不可能的，而必须经历痛苦的训练。为了避免痛苦，有必要让自己保持在一个"合适"的状态中。

我从这个阶段跑出来花费了不少精力。先是给自己制定严格的KPI，安排自己上午运动，晚上看书学习，每周至少烧3顿饭，多做家务事；就这么折腾了差不多一个月，日子才恢复原来的模样，心情和体力都明显有巨大的提高。

一旦深陷于"什么都懒得做"的状态是很可怕的，日子久了，就真的有可能什么都做不成。

[4]

我并不是所谓的女强人，也不是那种"不许休息，不娱乐"的事业狂人。

只是，该勤奋的时候一定要铆足劲儿地奔跑啊，无论你的智力多么的高超，有一些难题是必须智力+勤奋才可以解决的；对于天性聪明的人而言，努力绝对可以把人生推到一个不可预知的高度上。笨蛋也别觉得既然笨就放弃好吧，越放弃，以后的日子越不好过呢。

懒惰不是什么真性情，慵懒看似优雅，背后可能是无条理性，一团糟，多愁善感；勤奋刻苦听起来好老套，但是那种人身上散发的活力真的是令人无法抗拒的性感啊。

只有让书香深深氤氲过的人，才能"轻舟已过万重山"

[1]

元旦放假第二天，我从外面回来，看到女儿在客厅玩游戏。

我有点生气：你又在玩，老师没留作业吗？你怎么一眼书都不看？女儿不耐烦地说：妈妈，我每天做卷子做到吐，读书太苦了，放假就玩会儿呗。

我问她："你还记得乡下那个舅老爷吗？"女儿点头："记得，不就是你经常帮助的那个舅姥爷吗？"

"是的。"

去年冬天，我去给姥姥扫墓。正准备上车返回，看到一个人从对面走过来，四目相对，我们同时认出了彼此。按辈分，我应该叫他舅舅，但他比我大不了多少，我小时候住姥姥家时经常和他玩，更喜欢喊他的乳名——明子。

明子热情地和我打招呼，指着不远处一栋房子说：那就是我家，都到门口了，一定进去坐坐。盛情难却，我和老公跟着明子进了他家。

房子是新盖的，可屋里除了几张床，几乎看不到一件像样的家具。

我问：这么好的房子怎么不买家具呢？

明子不好意思地挠头：盖房子就借了不少的钱，我媳妇身体还不好，常年吃药，孩子又多，我一边种地一边打工，挣了钱赶紧还账，家里半年没买肉了，孩子们都馋得跟猫似的。

你不甘堕落，却又不思进取

回家路上，我和老公说：明子家的日子太难了，有机会咱帮他申请点救济金吧。

[2]

春节前，我去一家相关机构问救济金的事，明子的条件够了，只是需要村、镇、市三级盖章的介绍信。

我帮明子写好信，从手机上发了过去，让他找地方打印出来去盖章。

过了好几天，明子沮丧地打来电话说：算了吧，一级级地盖章，怕不行吧？

我不甘心，知道他只是自卑和自馁。好在我还认识几个人，就辗转和他们镇里的工作人员通了电话，对方很客气，表示只要是实情一定帮忙解决。

在离春节放假还有两天的时候，明子终于拿着那封盖好了章的介绍信给我送来。我带着他到相关机构领钱，出来时，明子满脸感激地说：孩子们可以好好过个年了，多买点肉吃。

他拿出两百元钱说是给我女儿的压岁钱，我赶紧推回去：快回吧，晚了坐不上班车了。

寒风中，看着明子的背影走远，我的泪湿了双眼。大家天天嚷着膳食营养，吃素食，少吃荤的时候，而对于明子一家，吃肉，依然是在改善伙食。

[3]

前几天，我与好友谢小姐，说起一些难以想象的贫穷。

她说，你没有经历过那种日子自然很难理解。秋天时，她奶奶老家的一位亲戚，挑着两筐葡萄来卖，赤脚从家里走到城里。她非常震惊，竟然还有人因为穷舍不得买鞋穿。

谢小姐说，像他亲戚这样的人很多，日子都过得很苦。他们大多早早辍学，想早点出来挣钱，可是，几乎一辈子都在底层挣扎。

我陷入沉思。

好多人在痛斥高考的时候，我觉得高考其实还是很公平的。如果没有高考，不鼓励努力读书，贫困的农家孩子又凭什么完成命运逆袭？

上周，有位媒体的记者采访我，他对我很欣赏，我对他却是很敬仰。他是复旦大学的高材生，生于贫瘠的20世纪70年代的农村。他从小爱读书，说自己人生第一本称之为书的书，是从废品堆里发现的，从此爱上了读书。

他侃侃而谈，人文历史，经济时事，因为他还做过旅游版的编务，对世界各地风土人情简直就是如数家珍。

读书，改变了他的命运。

其实，我身边这样的人很多。

北京这边有我两位同乡，一位做律师，一位是一家跨国公司的高层。他们都是靠读书，走到了自己想去的地方，过上了别人欣羡的生活。

[4]

有人说：怕吃苦，吃一辈子苦，不怕吃苦，吃半辈子苦。说的就是读书这事。

孩子，能现在用汗水解决的事，不要留着以后用泪水，况且，泪水也解决不了任何问题。

当你获得了足够多的知识之后，就会发现，这个世界上有太多美好的

你不甘堕落，却又不思进取

东西。

唯累过，方知闲。唯苦过，方知甜。

人生就是一只储蓄罐，你投入的每一分努力，都会在未来的某一天，打包还给你。别人所拥有的，你只要愿意去付出，一样可以拥有。

如果你觉得读书苦，而选择了放弃，当你没读什么书，就走入社会，你会发现自己就像一个赤手空拳的士兵，在面对命运这位强敌时，你会因没有护身铠甲，而被打得遍体鳞伤，毫无还手之力。那时，你就会懂得，读书不苦，不读书的人生，才苦。

别怕吃苦，那是你通向世界的路。总有一天，那些苦，会变成你遨游天际的翅膀。

幸而数载寒窗苦，自此阡陌多暖春。

只有让书香深深氤氲过的人，才能轻舟已过万重山，去赏遍万千春色。

想要走向人生巅峰，就要足够强大

你还不够强，别不承认，
也别找那么多的借口，
因为真的没什么用。

{ 想要走向人生巅峰，你得足够强大才行 }

众所周知，我是一个天生的文字爱好者，我喜欢写字胜过我学生生涯中背过的所有数学公式、理解过的所有物理概念以及朗读过的所有英文单词。我听见过无数人在我的耳边跟我唠叨着："你行你行你一定行。"的响亮口号，我也曾一度认为自己就是下一个韩寒、郭敬明、村上春树。

但是不可否认的一个事实是，我在某媒体平台上发布的第一篇文章，足足三个月仅仅收获了几百条的阅读量和五个赞，九零后新晋"村上春树"瞬间变身成"母猪上树。"

五个赞中四个来自我的室友，我应该庆幸还有一个人支持我愿意给我点赞吗？并不会，因为那是我自己建立的小号，我还不要脸地在下面评论："哇塞，你好棒！你真的好棒！"然后我自己羞涩的回复："谢谢，谢谢，谢谢你们。"自己跟自己玩得不亦乐乎。

我不服啊！我把所有的精力都用在了看小黄书写小黄文上，凭什么写的东西没人看没人读？我开始怀疑是平台的问题，他们有自己的签约作家还有许多的知名写手，他们的名气摆在那里，我一个初出茅庐乳臭未干的毛头小子自然不是对手，他们不对我进行推广宣传和运营我自然不可能名声大噪，写的东西自然就不能红遍大江南北。

所以我想通了，我不能在一棵树上吊死，我要把我的文章发扬光大，推广到不同的平台上，然后我惊喜地发现，每一个平台上的阅读量都保持在一百到二百之间，所获得的喜欢和赞依然是我的四个室友和我的小号。

放肆！我又开始鸣不平了，现如今中国的社会节奏越来越快，喜欢阅读的人越来越少，能够静下心来把人家的一篇文章看完并且点个赞的人实在是凤毛麟角，这是文字的悲哀，更是文学界的悲哀，往大一点说，是现今中国文学文化逐渐缺失的悲哀啊！

然后室友问了我一个足可以拉出去砍头的问题："为什么还是有人的阅读量上万，收获几百条的评论和点赞，只有我这里什么都没有？"

然后他就被拉出去斩了。

后来我在微博上认识了一位知名作家，我说我这个人有许许多多的长处，比如打篮球足球羽毛球乒乓球，总是在大大小小的比赛中得到优秀的名次，可是我最喜欢的还是写作，于是我抖着自己的几斤小胆把文章发了过去让他给提点意见，作家沉默了片刻后给我回："我建议你还是把兴趣爱好往打篮球足球羽毛球乒乓球上靠一靠会更有前途……"

好吧我承认，其实我是一个倒霉蛋，我所说的众所周知也只不过是我室友四人加上我的小号知道我在写文章，我也不是下一位韩寒，下一位郭敬明，我甚至让一只老母猪上树都费劲，我的文章没人看没人读和平台无关，也不是什么怀才不遇，更是和中国社会的文学缺失半毛钱关系都没有。我之所以到现在还没有成为中国新晋作家的中流砥柱，原因只有一个，那就是我不够优秀，才华撑不起自己的野心，换句话说，我还不够强。

2

我在学生会期间遇到过这样的一位同学，我们暂且称他为小甲，和他聊天永远有说不完的话题，但是所有的话题都绝对不是你所感兴趣的，因为他无时无刻不是在抱怨，每时每刻都在说着别人的不是，我虽然情商不高，但在进入学生会之前也看过类似于人前少说话，背后少议论这一类型的鸡汤杂文，于是他跟我讨论这种问题的时候，我的内心其实是极其尴尬的。

"你看张三，就会跟老师面前说好话，一副阿谀奉承、趋炎附势的嘴脸，一看就是个捧臭脚的。不就是仗着自己形象好了一点，学习好了一点，家里条件优越了一点吗？老装什么？你说是不是呀？"

最后这句话才是本次谈话的精髓，小甲就凭着这句话区别你是哪帮哪派跟谁穿一条裤子和谁是拴在一条绳子上的蚂蚱，而你的回答将不可避免地表明你的立场。

说对？那你就成了背后议论别人的典型，鸡汤白喝了，杂文白看了，回头传到人家耳朵里就变成了彻底的得罪人，你这个人的形象也就可想而知了。

说不对？不用传到谁的耳朵里，眼前的人立马得罪，如果周围有跟他一心的人你就瞬间变成了众矢之的，其后果不堪设想，定会让你苦不堪言。

这个时候的我自然和大多数人一样，一副不好意思的样子摆摆手说："哎呀，大家都不容易嘛，体谅体谅就好了，没关系没关系，嗨，多大点事儿啊！"心里面却忍不住想骂人。

"你竟然那么看不惯那你跟他本人说啊！跑到别人后面显个什么威风劲？说到底是因为嫉妒吧，人家形象好，学习好，家里条件好，老师们都喜欢，所以你就受不了了？整天在别人身后搬弄是非，我要是老师我也看你很不爽好吗？"

感觉老师对人家好了对你不好？那你也去讨好老师啊，你既不想讨好老师，又想要老师对你好，真以为全世界都得无条件把你捧在手心里护着啊？

有本事你也去整容把自己形象弄得好点啊，有本事你也发愤图强把成绩搞上去啊，有本事你重新投胎做人生到一户有钱的好人家啊，什么？你没本事啊，那就闭上你的嘴夹着尾巴好好做人得了呗！

你没有其他人优秀就是没有其他人优秀，诋毁别人嫉妒别人有意思吗？找那么多的借口骗自己有意思吗？抱怨天抱怨地有意思吗？省省吧，有那时间该干嘛干嘛去吧，你之所以会有那样的表现，别人不了解只有你自己的心里最清楚，你只是还不够强大和优秀罢了。

[3]

我去面试的时候是和同专业的一个同学一起去的，此同学上知天文下晓地理，古今中外，无所不通，跟他在一起聊天不得不说是一种享受，因为你什么都不用说，只需要静悄悄地听着然后时不时地发出"哇好厉害，哇你好棒！"这样的赞叹就好，他确实挺有能力的，专业知识也过硬，和他一起参加面试的压力就是分隔几分钟就得打一遍退堂鼓，算了，走吧，放弃了，和这么优秀的人一起竞争，结局明摆着啊。

话虽这样说，但这位同学也不是没有缺点，最致命的一点就是天才的共性：孤傲，就是那种：怎么办，我这么优秀到底应该如何存在？

好心寒，这里居然没有一个人比我强。

好纠结啊，马上就要迎来满堂喝彩了，我该怎么表示？笑的时候露出几颗牙齿？

于是他的面试场面是这样的："你们先给我介绍一下你们公司这边的具体情况，薪资，福利，我考虑考虑。"

"你们觉得我只值这个价钱吗？我不得不怀疑你们看人的水准。"

"你们现在可以问我问题了。我在赶时间。"

"什么我可以出去了吗？可是你们还什么都没有问啊，我在学校的成绩可好了，三好学生，奖学金，喂……"

"不招我是你们今年做出的最不明智的决定，真不清楚你们是怎么把公司经营这么大的。"

然后同学就出来了，拉住了我的肩膀说："我劝你，这样的公司还是不要在这里浪费青春了，不值得，他们从头到尾没有问过我一句关于专业知识的问题就说我可以走了，真是可笑至极！"

我嘿嘿一笑，心想我要是该公司的HR也会做同样的事情，别忘了，情商也是一个人优秀的重要标志，在没有遇到伯乐之前，先以千里马自居的人无论他再有能力再怎么优秀，他的情商首先是不及格的。

别忘了驴和骡子也有和千里马相似的外形。

[4]

你若盛开，蝴蝶自来。

是金子放到哪里都会发光。

哪有那么多怀才不遇，天妒英才？在你找不到伯乐的时候，先撒泡尿照照自己长没长得一副千里马的模样。其实很多时候，你没能走上人生巅峰其实只有一个原因，那就是你还不够强，你还不够优秀，所以你唯一能够让自己变得更好的方式，就是以一种谦逊的态度去努力，等到你的能力

想要走向人生巅峰，就要足够强大

真正意义上配得上你的野心时，你自然而然地就会成为你所希望的那个样子，一切因为自己的不顺所营造出来的负面情绪都是徒劳了，毫无意义，甚至是可笑的。

你还不够强，别不承认，也别找那么多的借口，因为真的没什么用。

{ 自信开创
一片天地 }

那一年，我到省城建筑工地当小工。初来城市，与繁华相对，在黄土满天的工地上，我的心卑微到了极点，觉得自己就是这个城市中的一粒尘埃，被所有人看不上甚至鄙视。

一天中午干完活，师傅带着我去吃饭，这是我平生第一次来饭店。刚到饭店门口，师傅发现他手机忘在工地上了，便叫我先进去占个地方，他去取手机。

我进了饭店，服务员以为我是维修工，便问我是修什么的，我有些羞涩，说了一声吃饭。服务员一愣，然后便示意我找地方坐。

这个饭店在我看来装修豪华，档次高，我穿着脏兮兮的衣服与这里极不相称，再看看衣着整齐的别人，我竟无所适从……

可师傅说了，让我先进来占地方，他平时很严厉，说一不二，我只好找了一个最角落的位置坐下来。师傅来后找了一圈才找到我，见了我便对我瞪眼睛，问我说："怎么找这样一个憋屈旮旯座位。"我脸红地说："就在这里吧，师傅，我们身上挺脏的。""我们来这里吃饭，又不是要饭，换个地方。"师傅带着我换到靠近窗户的地方坐下来。他大方地叫来服务员，点了两个菜，然后说了声谢谢。

我们正吃着饭，突然前面靠窗户的地方水管爆了，水瞬间喷了出来。吃饭的客人都放下了碗筷，快速躲开。就在这时，师傅快速起身，冲了过去，看了一下情况，果断跑到厨房关了总阀。水不再喷了。师傅原来干过水暖，他仔细地看了一下，说问题不大，让服务员先去买材料，然后继续和我吃饭。

服务员回来后，师傅没用半个小时就把水管修好了。饭店老板非常感谢，提出我们这顿饭免单，那一刻我心里别提多高兴了。可没想到，师傅却坚持付了饭钱，说是举手之劳，就连最后老板提出给五十元劳务费，他也拒绝了……老板一直把我们送出了门，走了很远，我还看见他站在饭店门口向我们挥手，那一刻，我的心里无限感慨。

坐在公交车上，我有许多敬佩的话想要对师傅说，当我们目光相碰的时候，师傅先开口了，对我说："小程，师傅也是从大山里走出来的，但我为自己骄傲，因为，我靠自己的力气吃饭，没偷没抢，不向任何人低声下气。今天吃饭，我看得出来，你专挑角落坐，完全是你自己看不起自己，我在这里干了十年了，经验告诉我，这个城市不排斥任何一个人，关键是你要有自信，并努力开创一片天地。"

师傅的一席话，说得我热泪盈眶。那一刻，我感受到了身体里涌动着的一股力量，推动着我相信自己，并融入这个城市。

{我们会在各自的
平行时空里发光}

　　南风是我大学时同届不同系的校友。今年7月的一天，我们约在一家餐厅吃饭。点好菜以后，南风把手机递了过来："夏，帮我看看这篇文章，有空帮我改改。"

　　"怎么，你也开始走文艺青年路线了，你不唱歌了？"南风是我们那届"校十佳歌手大赛"的第一名，一曲藏歌惊艳全场。

　　"歌当然还唱了，这篇文章我是打算投到公司期刊上的。"现在的他，在上海陆家嘴附近一家著名的外资银行上班。自从老大提拔他当了助理后，他明显感到自己周边的气场都不对了。公司里流言四起，很多人都在背后议论，这个人并非金融科班出身，毕业也才两三年光景，凭什么就坐上了副总裁助理的位置。南风说："我毕业后，为了适应职场环境，掩去了许多锋芒。这一次，我想将自己的锋芒一点点地凝聚回来，用实力证明给他们看，我不光能将助理的工作做得很好，还有许多他们看不见的闪光点和特质，唱歌、钢琴、运动、写作，等等。"

　　如果没有人看见我，那我就站到有人能看见的地方，让别人看到我的光芒。不仅是南风，其实，我也做过这种事。

　　那是2013年的夏天，非广告科班出身的我，凭借较好的中文功底和英文水平进入上海一家小有名气的广告公司担任文案策划。刚进公司的前两个月，我很清闲，大概他们也不知道我这个新人能做什么事情，不敢委以重任吧。

想要走向人生巅峰，就要足够强大

想要走向人生巅峰，就要足够强大

151

直到九月份的时候，事情出现转机，公司拿下了一个著名全球500强品牌的亚洲峰会的案子，与我同期进公司的英语较好的几个实习生都被抽调到这个案子的项目组支援。峰会前一天晚上，我们才陆续拿到该品牌全球各部门领导的演讲PPT，需要在一晚上的时间内把所有的演讲PPT进行英汉互译、整理汇总和调整排版。

在临时布置的会务办公室里，项目总监问了一句，"你们今天谁把PPT整理出来？"他说完这句话的时候，原本有些嘈杂的酒店客房里忽然安静了下来。谁都想要在关键时刻表现一下自己的能力，得到领导的赏识，但这毕竟不是练习，是实实在在的项目执行，如果搞砸了，岂不是自毁名声？

我在大脑里快速地权衡了利弊，走了一步险棋，揽下了这个既苦又至关重要的活儿。那天晚上，我从六点多开始弄，先从头到尾过了一遍所有的演讲PPT，然后按照会议流程做好了目录的page，然后一边翻译，一边调整排版。到凌晨两点多的时候，实在困得不行了，我站起来泡了杯咖啡，就这样强忍着睡意，一直到第二天早上7：45的时候，终于整理好了主会场的所有演讲PPT，中英文加起来一共400多页。

那场活动做得很顺利，而我，也一战成名。虽然只不过整理了演讲PPT而已，但那样果断踏实的执行力却让我在公司的那届新人中脱颖而出。第一次，因工作上的努力而得到肯定；第一次，在职场上开始被看见。更为重要的是，那以后，创意总监开始认真带我了，开始跟我讲解概念和创意，开始教我写方案，真正地开始教我创意和策划。

在我们还很小的时候，我们都以为自己是盖世英雄，与众不同，好像随时会发光一样。可是长大以后，遇见的人多了，经历的事情多了，我们的世界却反而变狭窄了。我们很少再凝视宇宙、星辰和大海，很少再天马行空地思考稀奇古怪的问题，眼光慢慢聚焦在眼前的悲欢离合和生活的跌宕起伏上，也不再相信自己有什么特别之处。

但你有没有停下来思考过，现在的处境真的是不能改变的吗？也许，你难过失意，但不知道从何做起；也许，你不止一次地问过自己，世界那么大，茫茫人海，芸芸众生，我要怎么样做才能被看见？

我不知道你现在在这个世界上的哪个地方，在做些什么，又想要成为什么样的人。你可能还是一个学生，坐在教室的最后排，因学习差或不善言辞而总是被忽略；你可能是一个初入职场的新人，被各种各样的情境考验和人际关系弄得应接不暇；你也可能是一个艺术工作者，因为自己的作品遇不到伯乐而伤神叹息；又或是一个为爱所困的人，不知道如何表达情感，让对方看到你的真心……但有一点是相通的，你们都不那么喜欢自己现在的位置，都想要被人看见。既然如此，不如勇敢地走出来，审视自身的尴尬处境之后找出一个突破点，站到一个可以被人看见的地方，用自己的能力和才华证明自己。

我相信，终有一天，你会被看见，终有一天，我们会在各自的平行时空里发光。很多时候，只要愿意努力，只要愿意做出一些改变和突破，那么结局就大不相同了。

{为了父母，
你也得咬牙坚持}

小时候住得偏，要去书店得先从家门口出发，走两百米到车站，花3块钱坐公交车到市里。那时候我经常缠着奶奶去书店，奶奶很疼我，一有假期就会带我去。从家里去书店要将近一个小时，但在那个时候我从来没有觉得这一小时有多漫长。

那时市里的新华书店也不大，只有两层，底下放着很多畅销书，楼上放着实用类的书，只有一小块儿摆放着少儿读物。我记得买的第一本书是《三毛流浪记》，当时我还买错了，多花了十块钱，心疼了一个星期。

再后来大了一些就是买漫画书，《七龙珠》，一共有四十二本。当时我天天省吃俭用，有了钱第一时间就是拉着奶奶陪我去书店，很快我就集齐了一套书。一个月之后我发现少了两本书，为此我还跟奶奶发了一顿无名火，她一个劲地哄我，我只知道生气，等到晚上的时候我发现那两本书在我的枕头下面。

印象里那是我第一次觉得，自己又可怕又无知又任性。

上了初中，我爸换工作，我们一家也顺理成章地搬到了市区，奶奶也跟着我们搬到了市里。到了市里之后，去书店就不用乘那么久的公交车了，但又舍不得打的，尽管那时的出租车起步价只是7块钱。走路去新华书店需要一个小时不到，我就自己走去书店。

书店已经翻新过了，有了三层，书也比以前多得多了。底楼的旁边还开着一家很小的冰激凌店，每次买完书觉得累了就窝在冰激凌店坐着，直到店员催着我要买东西我才走。书店的二楼新开了音像作品的专柜，那时候我买了很多卡带，周杰伦的《八度空间》，王菲的《将爱》，五月天的《为爱而生》，那时候我妈还以为我是在听英语单词，其实哪有，复读机里装的都是这些音乐。

初一的时候还经常拉着奶奶陪我去书店，衣服也是她们买回来给我我就穿。再大了一些，初三的时候，我就开始自己买衣服了，那个时候特别叛逆，觉得爸妈选的衣服都不好看，偏要自己选。

奶奶有时也会问我，要不要去书店，我都是甩甩手说不用了我自己去。

到了高中，我又搬了一次家，这次的家搬到了市中心的位置。市里不再只有那一家新华书店了，但我还是偏爱一直去的那家。现在的书店有了4层楼，每层楼的面积也更大了，只是我不去买那些"课外书"了，每次去书店都是买老师指定的辅导书。

再后来，我就不去书店了。

重新开始去书店，是在出国两年后回国。那时候是最浮躁的时候，做什么事情都觉得无聊。实在无聊的自己跟朋友逛书店买了几本书，谁曾想就这么看起来一发不可收拾。然而尽管家里的书越来越多，奶奶陪我去书店的次数却一直停留在零次。

奶奶和我妈隔几个周末就会去逛街，我妈总是半开玩笑地说陪她逛街，帮她挑衣服，可是我总是说没时间。其实我也不在忙什么，不过是上网聊天或者跟朋友出去玩。

直到有一天我妈用半开玩笑的语气跟我说："你又要出国了，以后不知道什么时候才能再一起逛街了。"

我才发现其实我很自私。小时候想去书店了就缠着奶奶，也不管她的身体到底好不好，那时候的夏天很热，等公交车的地方只有一个站牌，根本没有地方躲太阳。奶奶帮我挡太阳，直到有一天我发现，曾经高大的背影已经只能够到我的肩膀了。

四年级的时候，妈妈还在乡下工作，很少有机会去市里。记得有一次我在看《四驱兄弟》，我妈刚回家，我指着电视里的四驱车对我妈说我要这个模型。我妈笑着说最近很忙没有时间，以后有空了就带我去买。我当时朝我妈发了一顿火，说了很多话然后摔门进了自己房间。两个星期之后，一直没时间去市里的妈妈，给我带回来了这个模型，可我当时居然嫌弃说这不是我要的那一款。

如果有时光机，我一定穿越回去抽自己一巴掌。

我重新看起书来这习惯，倒是让我爸很开心，他常说看书是开阔眼界的好办法，你没有办法经历一百种生活，但是你能看一百本书。我很任性地说要出国的时候，他也全力支持，我当时没有想过出国的生活会是这么枯燥而又辛苦，只是我爸说我做的决定，他就一定支持。

后来就到现在了，我家里的书已经堆满了书柜，我妈每次整理都很费劲。奶奶每次看我出门也不问我去哪里了，自从高中以后她再也没问过要不要陪我去书店，她的身体已经不像我小时候那么的好了，现在看起来比以前苍老多了，可是她还是一如往常地照顾我，担心我，就像我从没长大一样。

回国后我执意要给家里做顿饭，出国多年的我也算是得心应手，可我奶奶总是不放心，她在我不知道的时候把菜都偷偷切好了，我当时到厨房间看到她的背影真的只想哭。出国的时候，我奶奶老是说不用担心家里，让我安心，然后转过头去偷偷地抹眼泪，我总是笑着说，没事的，又不是不回来。

老人是最寂寞的，我听说我们永远不应该和老人小孩生气，因为一个人生才刚刚开始，什么都不懂，一个人生接近尾声，应该尽量快乐。

去年的时候，妈妈突然动了手术，全家人都不让我知道，我也很忙没有跟家里联系。直到有天我爸说我妈想我了，我才问起怎么了，这才知道我妈现在躺在床上刚动完手术，虽然事后得知是很一般的小手术，但是当时我一个哆嗦手机差点没掉地上。

我这才知道，爸妈都已经青春不在了，他们曾经也有梦想，也曾风华正茂，只是现在他们的梦想变成了我，他们把自己的下半生都倾注在我的身上。他们从来就不欠我什么，是我欠他们的，可是我还在一味地索取。爸妈都渐渐老去了，而我根本无法想象有一天全世界最爱我的人离开是什么情景。我根本无法想象，我也根本不敢去想象，我只希望那天永远不会出现。

写第一本书的时候其实一直瞒着爸妈，主要是怕我爸说我不务正业。后来出书后，虽然我爸还是常常数落我不务正业，可是他却是第一个把我的书看完的人。现在我站在我爸身边已经比他高出很多了，他总是不服输地说我没比他高多少，不知道为什么每次他这么说的时候我都很心疼。

我妈每次跟我视频都会问我，钱够不够用什么的。我每次都说够了，可她下次还是会问，其实我妈赚钱挺辛苦的，每次回国都能听到她电话里业务忙来忙去。其实我知道她就是担心我过得不好，所以我从未在她面前示弱过一次。虽然我常常跟我妈闹别扭，可是在我心里，她就是全世界最漂亮的女人，没有之一。

为了看到远方我的样子，他们愿意在电脑前等几个小时。成长的时候，千万不能忘了身后的家人。

记得以前看过一篇日志，里面写："为何人要背负感情。人活在世上已经很不容易，为何却要懂得'情'字，为何要为所爱所念之人，心疼。亲情、爱情、友情，哪一样不是沉甸甸地压在我们心头最脆弱的那一尖上。为何人会有贫穷、寒冷、疾病，会有不顺心、会有委屈、会有泪水；为何人会有分别、不舍、担忧。而每当人去遭受这些的时候，爱着自己的人也一样遭受着这些。"

人为何要背负感情？因为我们只有经历了这些，才能更好地安慰他人。一个人会觉得过不去，是因为他只想到自己，想想身后的父母和朋友，就会觉得没有什么过不去的。

你的父母正在为你打拼，这就是你今天需要坚强的理由。

{ 努力地生活下去，
不愧于活得像自己 }

[1]

看到你的留言："你这些年过得好不好。"或许我过得很好，什么是很好，就是渐渐地适应了一个人生活，应付着生活里的些许算计，抵抗着命运偶尔的不怀好意，夜晚失眠就起身打开窗户再点一支烟看看苍凉的夜色。

把键入的"我很好，那你呢？"一行字删了，回了"老样子"。彼此寒暄了几句后，你进入了正题，邀我去参加你的婚礼，我顿了顿，一阵迟疑后声称工作太忙，婉言拒绝了你，最后托朋友给你送了礼金和贺礼。之后看到你给我留言说，谢谢我的贺礼，你很喜欢——一套薄荷色的瓷碗，也是你最爱的颜色。也许你是赢家吧，守得云开也觅到了良人，想起从前我追你追得死去活来又被你屡次拒绝的自己，当真是傻不堪言。之所以选择不去参加你的婚礼，一来，是不想在这物非人非时还故作没事的红着脸饮酒祝你幸福，毕竟我不是圣人，做不到眼睁睁看着自己当初想方设法，不计后果执意去喜欢的人如今却拥入了他怀，二来，终究还是自己不够大度，岁月也不够宽宏，你过得很好，可我兴许不一定过得有你一半好，只剩那悄然流逝的时光蔓延成了我眼角的皱纹。

你走后的这些年，我无法确切地用一个词去定义自己的生活是怎样的一番景象，只是人事变迁，四年的时间确实带走了很多东西。

[2]

不知不觉，在昆明这座城市一晃已经生活了四年，期间搬过很多次家，都是一些空间狭小但光线明亮的单身公寓，我对光线有近乎偏执的要求，总觉得黑暗是一切不幸的征兆，也是象征死亡的标志。总而言之，打心里觉得光亮代表着希望。但值得庆幸的是，无论搬到何地，我都能很快地适应。

可搬来搬去，我还是没有离开过昆明，只不过是换了一条街，换了一个门牌号，从近华浦路搬到东风东路，就像是蚁族进行着内部迁徙，始终没有安定下来。打开微博，看到北京由于污染严重以致雾霾漫天，同事则在一旁打趣地说道，要辞职去北京做口罩生意。而向来以"春城"闻名的昆明，如今好像又多了一个我留恋的理由，又借此打消一次次想要离开这座城市的念头。

每一次的搬家，我都会处理掉一些因为一时冲动而买下的不实用的物件，有的送给了前房主，有的则二手贩卖，我想，这大抵也是自己这么多年来存不了钱的缘由之一。

但无论搬了多少次家，我都会将那个从旧货市场淘的复古木盒子小心翼翼地带着，确保它们完好无损，里面装着一些与好友互通的信件。我深知，在这书信来往渐渐被现代人所遗忘的时代里，那些笔墨字句都是对过往时光的最好的见证。

平日就将它锁在卧室的衣柜里，偶尔矫情泛滥，怀念起旧时光的时候就会打开盒子，翻看那些信件，时常透过字里行间满载的情谊，怀念起曾经的种种，无论是炎炎夏日与好友们在树荫下一起写旅行攻略再择期结伴去旅行的往昔，还是携手共渡彼此生命中难关的过往，都时常令我不禁浸润了眼眶。矫情之余还庆幸自己是个念旧之人。

可那些在信中曾慷慨激昂谈起过的职业理想以及有多想漂洋过海去往世界各地开阔眼界的宏愿也始终没有在我的生命中成为现实，每每想起这些事就觉得自己是在挥霍青春，也就越容易陷入彷徨不安的情绪里。

内心惭愧之余更开始质疑自己的能力，我时常在想，是不是自己不够努力，命中也没有机遇可言？眼睁睁地看着很多想要去完成的理想在时光的行进中消失殆尽，心智也随着现实变得麻木不堪，像是一桩漂浮在无垠大海中的一块浮木，在漂泊中求存，始终无法上岸。

想起毕业时父亲单位内招家属，母亲特地从老家坐车到昆明和我做思想交流，试图说服我归家安定下来，不要在外流浪。可任母亲如何苦口婆心地劝导，我还是毅然决然地拒绝了，且信誓旦旦地说着要在外闯出一片喜乐的天地，以后接他们到大城市生活。之后的日子里与母亲通电话，她时常问我是否后悔当初的抉择，我的回答却从最初的笃定过渡到如今的犹豫。或许，生活的动荡与不易正在侵蚀着曾炽热又憧憬自由的初心吧！

这年头，生活节奏快了，肩上的担子也越发沉重了，挣扎在生活漩涡中的年轻人们的意志也随之变得越发消沉，随波逐流乃常态，说顺其自然更多只是面对生活困苦时无奈之举的另一个说法，而自己也不例外。

在这一路前行一路失散的生命历程中，往昔就如南柯一梦般短暂。毕业后，与自己情谊深厚的好友都建立起了自己的新生活，各自奔走于不同的城市：阿元回到了家乡安分地当着公务员，过着朝九晚五的日子，近日也已传来将要结婚的消息，而阿成则随着母亲移民去了美国，联系甚少，听闻他成立了一间工作室，过着自己理想中的生活；如今看来，只有我还在原地踏步，茫然不知未来会是怎样一番景象。

在这个城市里，除了被困在钢筋混凝土之中的梦想和无尽的迷茫之外，似乎再无其他。

这些事，这些话，如今我都不知道该向何人说，只是突然想起那么多与你无关的事，就提笔写了下来。听到你结婚的消息，我也由衷祝福。

[3]

记得那年秋天是个雨泽丰沛的时节，被雨水洗涤后的空气与平日闷热干燥的空气相比显得格外清新了起来，下班时突然接到你的电话约我一起吃饭，我急忙归家特意精心地打扮梳洗了一番，迈着开心的步伐去赴约，以为是你终于被我打动了。我提前来到火锅店，点了你平日爱吃的菜品，满怀期待地等着你的到来，期待着一个好消息的来临。可等了你三个小时，还未见你的身影，看着夜色渐浓，身边来往了几波饭客，换了几次茶水后，服务员终于不耐烦地来问我："你还吃不吃啊？我们这不可以退菜的啊，这快打烊了，你赶紧催催你朋友吧。"终于拨通你的电话后，你说你临时有事，无法前来，我和你说："没事，那就改天嘛，"突然你又语气凝重地对我说："这次算我不对，下次有机会我一定补偿，我明天就走了，要回到家乡去工作，你也千万不要来找我，更不要来送我，你要是再不放下，恐怕我们连朋友也做不成了，算我求你，请你务必答应我。"当下的我脑中一片空白，一度哽咽，你急忙地挂断了电话，那一刻，仿佛全世界静得只剩下电话那头占线的声音，你说的"求你了"三个字也是你最后的独白。一次告别的机会，你也未曾给过我。离开火锅店时，突然又下起了大雨，我淋着雨游荡在风雨大作的街头，任雨水劈头盖脸地拍打在身，当时的我已分不清眼眶里流的究竟是雨水还是泪水了，那一刻我也突然明白了你的决绝，比这雨水还冰冷，比这夜更无情。

你走后，我还傻了吧唧地抑郁了许久，几个好友接连很多天，买了酒和下酒菜到我住所陪我解愁，那段时间非但没借着酒精的作用起到解愁的作用，反倒把酒量练好了，是不是算是一种收获呢？虽然我从未觉得啤酒好喝，但也曾在失恋失意失落时屡屡饮下这苦涩来冲淡心头的哽咽。也从未在酒后失态过，纵然我是多么想借酒装疯一场。可越是胃里翻腾，越是头痛欲裂，就越是深知有些电话不能打，有些往事不能提。

偶尔还会梦到那晚雨夜，午夜梦醒后，那执意追逐你的身影还会清晰地回荡在记忆中的长廊里，似乎一切都恍如昨日，可再一想，才愕然发现这一切已过去了四年。

这些年，我也越发独立冷疏，虽然对生活充满着期许，但却又盲目不知如何找寻动力，因对人事常感失望，所以时常忆起往昔。

[4]

如今，敢爱敢恨已不是我的作风。爱而不得就装失忆，索性刻意地试图把过往一一抹杀。每当别人无意间问起有关你的事的时候，我就说，那是少不更事的荒唐事。朋友们看我独身多年，就诚心劝我放下内心执念，遇到合适的人就试着接纳，谈一场恋爱。可不知我究竟是哪根筋搭错了，别人即使再好，我也无法动心。

由于命运的眷顾，这些年里，我也遇到了一些人。

阿楠可能是少数撞了南墙还迟迟不肯回头的人，之前我没有给过她任何希望，就像从前你待我一般。

说实话，我不清楚她喜欢我什么，我也并不是一个讨喜的人。可我想，若换作他人，如果我这么冷漠，别人早就离开了，何况现代人的新鲜感本就经不起推敲，时间一久得不到猎物后就会迅速转移目标。何况，生活中有太多来势汹汹的情感，会突然出现在我们的面前，用一份此情天地可鉴的款款深情或热泪盈眶的美好愿景来直击我们的心房。我们或许会有些心动又有些抗拒，但我觉得都不必急着躲避或回绝，更不必急着考验和证明，因为大多貌似如火如荼的关心，都捱不过十天半月，便会被岁月的寒掌打出冷却原形。待天气渐暖，冰雪消融，你再回头看看那些散落了一地的形容词儿，所谓的"永远，唯一，无论如何我都会"等词，都会随着一场轻柔的春风吹散得无影无踪。朋友说，我的这种的想法都反映了我内心中对于情感的那份不安全感。

但如今阿楠对我的关怀确实是能令我切身体会到的温暖，有一次我责怨她管我管得太宽，她竟暗自审视了自己是不是表现得太过，这一点我是欣赏的，至少她不像我从前那般太自以为是，以为任何一种鲁莽的行为只要是出自爱就是正当的，会反省就实属难得，可我从前不会，只懂纠缠，以为付出就是爱。

突然，我也就明白了我曾经待你的好，为什么会换来你那一如既往的冷漠。因为感动并不能换来同等的爱。爱情需要的是两两相望的心动，而非单厢情愿的付出。

爱是什么，是在一起时的温暖、互相谅解的默契。愿意知晓彼此喜欢看什么样的风景，什么味道的菜，又喜欢结识什么样的人，又憎恨什么样的人情世故，鼓励对方有梦去闯，迷茫无助时相伴在侧，也愿意为对方去改掉自己原先在生活中的陋习。学会去接受对方人性中避免不了善恶，包容对方的不完美，接济对方爱慕时的一无所有。更重要的，是彼此需要对方时，告诉彼此"我在"时的陪伴。爱，是为对方变成更好的人的同时让对方变成更好的人。

所以，我曾给你的那份热烈的喜爱，是不是皆是虚无，也许很多年前我就错了，我给你的只有一份执着，而没有那些为你设身处地着想的余地。

"有些醒悟不是靠冥思苦想，恰似烟花一刹那便灯火通明"是阿楠给予我的情意与关怀所教会我的道理。

近日，我也在试着敞开心扉去接纳阿楠，一来，是想给自己一个机会，二来，是不想让那个雨夜的无情和冰冷重现在她的人生中。

[5]

过年的时候回到家乡与家人团聚，恰逢高中同学聚会。在告别了离经叛道的青春年少和洗尽铅华的学生时代后，和老同学们面面相对时，聊起的都是过往的记忆和如今各异的人生。有的人，还在社会上打拼着，因现实的残酷无情而倍觉无奈，有的则成了家立了业，过得好生安定羡煞旁人。人与人之间的差距就这么随着时间的变迁而拉开了差距，曾经在班上寡言不起眼的人如今却变得穿着得体，善于交谈，曾经受人瞩目的班花和班草如今却已经嫁做人妇，成为人夫，很默契地身材一同走了样，样貌变了样，过着最平凡的家庭生活，大家都一致地调侃他们二人说："岁月是把杀猪刀，刀刀催人老"。须臾之间，才感叹道时光着实消逝得飞快。

曾经的同桌模样也变了不少，他跑过来和我打招呼，我才认出他来，他和我闲聊时说："你看，大家都变了不少，怎么就你还没变，脸庞看起来还是那么的稚嫩，似乎一点也没因为时间而变得成熟嘛，就是话没从前那么多了。"我笑着应和说："哪有，哪有，娃娃脸嘛，来喝一杯。"内心却为他的这番话而倍感欣慰。毕竟，卷入时光的洪流中，一朝一夕之间，有些事物就可以变得面目全非，比如曾经一起玩耍谈心的同班朋友如今早已鲜少联系，多亏了班级聚会才又再次相见，言谈之间也只剩彼此客套寒暄的凉薄；而有些事物长长久久下来却还是纹丝不动，如同我那些持之以恒保持的坚定信念，在大浪淘沙过后仍旧幸存，至今在我内心的某个角落中熠熠生辉，它们都没有因一场岁月的洗礼而变得圆滑和世故。从前的我憎恶人与人之间的虚伪，现在也是。

因为我深知，我不是没有成熟，我只是没有变成别人以为的那样而已。

在家中过了年后，与父母商榷了一番，我终于决定离开昆明，递了辞呈，打点好行李后挥挥作别了这个颠沛流离了四年的城市——昆明。和阿楠短暂相处了一些时日后，她发现我们之间还是做朋友比较轻松自在。我们都曾给了彼此一个机会，结局如何都已经不再重要。

可能有时候选择单身并不是出于自愿，而是，很难再遇到令自己心动的人，也很难再出现一个人能喜欢自己喜欢得有耐性，因此，我们常常说，那是因为还没遇到真正对的人。或许，感情的事真要看缘分，可我们与大多数的人常常是有缘无分。我们等待的无非是一个与自己有缘又是分内的人罢了，但这又谈何容易。

[6]

在杭州和成都两座城市之间我做出了抉择，带着满心的期待和新鲜感抵达了杭州，在这座城市新一抹的光景下，我尝试换一个环境，换一种生活。期待着生活能发现一些正面的转变。在人流密集的街道上，形色各异的人们怀揣着各自不为人知的暗疾，周而复始地为生计迁徙奔波，而我也将成为他们中的一员。看着周遭心怀大志的青年们孜孜不倦地奋斗着，上了年岁的老母亲终日祈祷着自己的儿子和女儿能多得到神明的几分眷顾，能得到一份安定的工作，再结合一个良缘伴侣。但芸芸众生之中，佛祖又能记清几张无助的面容？所以机遇和运气这种东西还是要基于自身的努力才能最稳固。

而那些野心尚存的人们，依然在缄默承受着鲜血淋漓的生活给予的残酷，跻身在壮烈的洪流中负隅顽抗。但我，再不愿去谈论什么野心，若是鱼不适合飞翔，我又何须再孤身犯险。我只愿意追寻内心的想法，努力地生活下去，并且不愧于心地活得像自己。

[7]

我决定不去轻易碰触曾经过往的人和事，除非那些美好在现实里能得以延续，且值得我去悉心保存，我会将它密封，存档，整理，以便给现在真实的，正在拥有和陪伴的事物腾出一席之地。

关于你，我再也不会轻易去提及，去想起。

我知道，就算我现在孤身一人，我也要坚持把自己变得更好，这样才能让相同频率的人看到。

想要走向人生巅峰，就要足够强大

{ 你足够强大，
和别人不一样又何妨 }

[1]

进大学之前，世界于我而言是闭塞且规整的，不外乎现实中的桌椅教室，脑袋里的杂陈知识，关于试卷，也关于远方。狭小而充实，无需亲自探讨"价值"何意，已有人为我们划好冲刺线，冲过它，冲过高分、大学——这个世界的终极道义与信仰，另一个世界的门就被撞开，尽管内容不可知。

像一个小方格子，评判标准一条条陈列得好看，只需践行，达到克制与乖巧，然后获个规规矩矩的胜，来场规规矩矩的皆大欢喜。

进大学后，这个体系却率先被打破。

大千世界，至此映入眼帘。

讲一讲维C的故事。

一次公选课上，老师正照PPT念得津津有味，而台下的我们也沉浸于手机中声色犬马的世界里，时间轻轻一溜，饭点临近，饿意悄然袭来。正值众人精神萎靡之时，突然一个女生站起来大声说，对不起，老师，我不同意您刚刚的观点。

——这个女生就是我要说的维C。

当时我们唏嘘一片，拍偶像剧呢？

维C梳着精力充沛的马尾，满脸青春痘，穿一件显老的灰色针织衫，一片拖堂的抱怨声中，无比认真地和老师争论起来。我听了几句，发现女生是看过几本学术专著的，有底子。我戳戳身旁埋头看综艺的室友："夭寿啦，我班天降学霸啦，我等学渣，死路一条！"

"哦。"室友不抬头："你想好了吗，待会儿点哪家的外卖？"

那阵才刚刚大一开学，维C是以这样的方式闯入我们视野的。可能她永远都不会想到，从那天开始，自己的大学生活已注定被划入"不寻常"的范畴，要被几百人在耳里听，在嘴里嚼，嚼到变味，被旁观者叹一句"令人作呕"，再扔进不闻不问的深渊。

我室友在路上讨论起维C来，一致论调是，这女生也太装了吧？！显摆自己看过几本书来的吧？我在一旁不发言，被问到意见时却也点头配合。

其实那时我就察觉了，庸俗的人叽叽喳喳抱成一团，日子往往好过一点。毕竟人生本就不是多高雅一件事儿，说白了柴米油盐饱腹慰体，与此紧密相连的，才是真理。我多少懂点入世的规则，这种时候要是跳出来说"可是人家女生也没做错什么啊"，实在太傻。

维C顺利成为当晚卧谈会的主角儿。讲起她"光荣事迹"，像是经常蹭讲座啦，写千字学习计划啦，开学第一天就从图书馆借传播学专著啦……种种都是快、狠、全的姿态，我们好不诧异。

我高考发挥失常，落入这所F城的三线大学。没有恰当的学习气氛，急速膨胀的荷尔蒙倒是洋洋洒洒；这里恋爱也随意似玩笑，更别提宿舍楼下几辆豪车所代表的廉价关系。进校后女生无论过去哪番模样，先学几套精致的妆容，再备几件大胆袒露的衣服，一行路定是翩翩，昭告天下青春正好，亟待采摘。

——似乎可以作为维C显得格格不入的原因。

[2]

维C没有任何朋友，是的，一个也没有。班里有几个同学曾经跟她搭过话，纷纷跑来向我们调侃："她说话一板一眼跟新闻联播似的，还对着镜子练八颗牙的微笑，笑得我浑身不自在！"或者是："才开学几天啊，就天天往自习室跑，太装！"

维C总是独来独往，哪怕是在人群最为拥挤的食堂。我们寝室四个人占了一个小方桌时，我常常不经意瞥见她。我在心里感慨，要让我一个人吃饭，我可受不了。

最让维C不受待见的是她对待学习的态度。她总是在我们哈欠连天的课堂把笔记记上满满一本，也总是第一个举手作答，积极得好似渴望即刻的褒奖；她常年穿梭于自习室、图书馆之间，似乎永远处于紧张备考状态。

这样的维C，期末成绩的排名却只有中下。

——于是便出现一批"知情人士"，讲她母亲是老来得子，她脑子一直不怎么好；讲她患有间歇性头疼的病；讲她母亲已是满头银发，而她家在本地，周末却几乎不归。

这几句在年级几百个女生的耳根子里翻着来覆着去地滚上几滚后，新的"知情人士"又来讲，这次范围延伸至她的生活习惯——讲她洗面奶竟然用的是最普通的超市也有售的50元以内某八十线品牌，讲她不爱说话是因为轻微交流障碍，据说上大学前还在接受训练，更甚的是讲她家里困难，家人强制施压要她拿奖学金，就为那几千块。

真假参半的流言，活生生猛兽一只。传到后来，真与假已经丧失辩驳的意义，只沦为谈资，做无聊的事、度无聊的日时拿来润润口，开点笑颜。洗衣间里她的故事已然成为固定的口头剧场，人人都用冷漠买一张观看票，也有人拿恶意换一次参演。

一次班长组织KTV的班聚，却不想叫上她，便只用私下口耳相传的方式告知。谁料中间不知有谁的对话被她听到，她有些兴奋地插嘴："是这周五的班聚吗？"听者极不愿意回应，却只能点头。班长知道后就找到我：陈，你去跟她说说吧，就挑个时间跟她说我们的活动取消了，要是她去了得多扫兴啊。

我心里是觉得不忍的，但我自己也没想到的是，我向她说起谎来分外从容。我说，周五的班聚你知道吧？临时取消了，因为好多人都说要赶着做作业，去不成了。

她用力点头："好好好，我知道了！"

周五那天班里包了两个大包间，一间十来人的样子。男生抽烟的多，女生基本集中在一个包间。唱了五个小时，到晚上九点时第一批人起身要回寝室，我便也跟着她们出去。

在路上碰到了维C。

我们六个人并排走，说说笑笑，热闹非凡。维C一个人提着超市购物袋，也准备回寝室。我们掩住内心微妙，客套跟她打招呼，她满脸笑容地应。本来我们可以同路的，但维C跟上来走的一小段路里大家都突然没话说了，维C再愚钝也明白这尴尬的意味了，便很识趣地在几步后某个小岔路口说她还要等人，叫我们先走。

我们六个人通通清楚，她根本没有要等的人。

但她这样退出了，我们便痛快点。

维C后来跟我说，她确实没有要等的人，她只是在我们走后蹲在花坛边上，心里空落落地等我们走远。看着我们紧密陪伴的背影由大变小，由小变无，这才起身。听闻身后又有一群人的脚步声，是班里另外一批人，她当时就懂了，哪里取消了班聚啊，是班聚把她取消了。

我不敢想象那是何等的凄凉。

其实这世上更多的暴力往往是无言的，甚至往往是亲和且团结的——生活信念共通的人们，一起温柔及隐忍地将"不同"的你从他们的生活里划掉，就那么轻轻一笔地划掉，面照样见，招呼照打，但你将永远不被囊括进那个紧密集体，你承受怎样的孤苦，无人问津。

维C承受的暴力比这些要多，她还承受背后的流言。

常言在理：欲加之罪，何患无辞。

[3]

维C师生恋的传言，犹如深水炸弹一枚。

起初是有人看见维C和哲学系Y老师在傍晚的操场一起散步，后来又有人看见维C坐上Y老师的车开往城区的方向。那段时间真是沸沸扬扬，就差有人指着维C的鼻子讲"天哪你告诉我怎么回事"了。

哲学系Y老师在学校相当出名。当年他看不惯学校里一股照着PPT"念"课的风气，在自己的博客上发表了一张几千字的批判文章，讲学校重功利轻教学的弊病，一文成名。当时Y入校三年不到，但因其激情澎湃的授课在学生圈中颇受欢迎，已拥有一批忠实粉丝。Y老师那篇文章在社交网络上大肆传播，最后是院长出面找他谈话要求他删除的。据说院长还让他写一篇"矫正"不良影响的文章，却被后者拒绝。

自然，Y老师这几年的职称完蛋了。

Y老师并不在意。曾让学生写一封遗书作为期末作业的他以"不务正业"在一众庸碌的大学老师中脱颖而出，从教学到考评都充满浪漫色彩。虽说五官并不怎么样，但衬衫一穿，领带漫不经心地一打，论气质真能迷倒些小女生。

因为跟Y老师的绯闻，维C在看戏人群里的独处生活并不那么容易了。以前是见了面还有人意思着打打招呼，现在是她一出现，人群里多数人的脸就僵下来了，甚至有人低声骂句"婊子"，不忌讳说话口型被她察觉。她在教室里坐在中间某一排，原本在两边占好位置的人也会挪到后面去；讲台上一看，每排都或疏或密地散落着人群，而不管其余的位置多拥挤，维C那一排，永远只有她一个。

维C心里什么都清楚，外表倒依旧静如止水。她只爆发过一次，在发现自己背后被贴上一张写有"我，一个大写的不要脸"字样的A4纸后。当时刚刚下了下午的专业课，老师前脚一走，她"腾"地站起来，扯下背上的纸，转身大声喝道："谁干的？！站出来！"

嘻嘻哈哈准备回寝的我们立刻安静了，都呆看着她，不知说什么好。后来我听说是当初说她"成天去自习室太装"的那个女生——维C进教室一向早，女生在维C趴桌休息着等上课时贴的纸，不过当天她中途翘课了，维C的怒气无人来领。

"没有人说话是吧？！好。"维C当着我们的面把纸撕得粉碎："说真的，你们不喜欢我没关系，我并不需要你们这样的人。"

所有人的心里都受一记重击，只是依然沉默。维C说完后收拾书包大步离开了，记忆里她每一步都走得很用力。一个尴尬和惊恐的余味长久不消的场景，成为故事的转折。

再没有人客套跟维C打招呼，但也没有人背后再议论她了。洗衣间里属于她的口头剧场被她那天在教室里强硬到出乎意料的反抗掐断，好似明亮的剧院突然跳了闸，又似招摇作势的舞台表演霎时被喊了"卡"，留下硬生生的沉默。

不久后，维C就搬离了宿舍，在学校附近租了一间简陋的房。

维C后来告诉我，根本没有所谓的师生恋。Y老师其实特别愿意和学生做朋友，奈何几年来下了课主动找他的全是来问考试重点一类的东西，而维C愿意跟他谈哲学、谈人生，他便跟她走得近一些。有一次维C的妈妈在家里犯了急性胃炎，而我们的学校在偏僻的郊区，打车根本不现实，维C实在是急着赶回家，这才打电话拜托老师送。Y老师在车上问维C，我记得你们院很多学生都是自己开车来学校的啊？意思是她为什么不找同学帮忙。维C说，是，但我没法找他们。

话里的无助，Y老师懂了。

当年他写文章批判学校的时候也有同样的感觉，整整几个月里，同事不愿意跟他多说几句话。

人类作为群居物种，总是对某方面过于出挑的个体持有天然的敌意。或者说某件多数人都不会做的事你去做了，那你很可能成为众矢之的；不管有无不良历史，你在那些抱团取暖的人面前一出现了，就成为他们眼里的错误。

[4]

写这个故事时，因为触及维C青春里那种真实可感的"恶"，我几度压抑到无法落笔。

还好维C有个不错的结局。

四年努力不是白付，维C考上了H城的D大，一个我们年级几乎所有人都望尘莫及的大学。D大里不乏像维C这样苦读求知的人，图书馆里任何一天都是满座，终究再没有人评价维C为"怪异"。除了维C，我们班里好几个考D大的女生都是失败而归；这一次，终究没有人再想起很久以前关于维C的传言——"她脑子不太好啊"。

可笑亦可叹。

毕业典礼上，维C是作为我们学校的毕业生代表发言的。图书馆前的舞台上，维C握着话筒，目光坚定地说："生活不会一开始就给你最好的位置，也不会主动拉上你一把。你要么选择承受苦痛往前走，要么选择烂在这片泥沼里。"

台下的我听到这里，眼泪夺眶而出。

我不敢想象维C这四年来是怎样蹚过这片群体暴力的浑水、捱过孤苦无依的漫长时日的。其实我们所有人都清楚，在这种环境里做一个和别人"不一样"的人，代价有多大。我退缩了，更多人也温吞吞地退缩了，唯独维C熬了出来。

这个故事是维C拜托我写下来的，那是在她去英国留学的前一天晚上。她说要留作纪念，待以后慢慢回看感慨。

维C说，陈，来人间一趟，如果仅仅因为喜欢的事跟别人不一样就不要去坚持了，那还有什么意义？

你看呐，我们都想要和别人不一样，想要出类拔萃，或者想要目前还触及不到的生活，但正如维C所说的，生活不会一开始就给你最好的位置，也不会主动拉上你一把，你要么选择承受苦痛往前走，要么选择烂在这片泥沼里。

任凭别人议论你的孤僻与不羁，自己毫不在意。

你有这样的勇气吗？

{ **你有多努力，就有多大能耐**
脱离对外部世界的依附 }

有一次在北大讲座，遇到一位学生问我，"老师，你说学习重要，还是经营人脉重要？"看着他一脸大杂烩的表情，我先拿出本子记下了这个问题，然后告诉他说，这是个比较大的话题，我会仔细写篇文章放在网上的，然后给了他我的博客地址。而后又补了一句，"相信我，所谓的人脉就算重要，也根本没他们说得那么重要"。

让我们细说从头。先动脑思考一下，你愿意与什么样的人成为朋友？从幼儿园开始，每个人就都已经有一些选择朋友的原则——尽管并不自知。事实上，资源分布的不均匀，必然造成人与人之间的某种依附关系。观察一下，就可以看到事实：幼儿园里玩具多的孩子更容易被其他孩子当作朋友。那么，玩具最多的孩子朋友最多吗？答案并非肯定。

如果你像我一样有机会、也恰好愿意多花一点心思与那个玩具最多的孩子交谈的话，你也很快就会发现，在他的心目中，与所有成年人一样，朋友被划分为"真正的朋友"和"一般的朋友"。以下我们姑且把那个玩具最多的孩子叫作"小强"。

当时我很好奇。耐心等待小强告诉我谁是他"真正的朋友"。最终，他告诉我，真正的朋友只有两个。其中一个是男孩，另外一个是女孩。那我就问他，"为什么你认为那男孩是你真正的朋友？"小强一秒钟都没犹豫，告诉我说，"他从来都不抢我的玩具，他跟我换。"我又问他，"那，为什么你认为那女孩是你真正的朋友？"这次小强犹豫了好一阵子，在确定我会给他保密之后，磕磕巴巴地说，"她好看，我把新玩具全都先给她……"我笑，过一会儿又问他，"她觉得你好看吗？"小强愣了一下，满眼的无辜，"不知道……"我又问，"那她现在手里的玩具是谁的？"小强突然显得很紧张，"不是我的。"我决定不去问那小女孩什么问题了。

基于种种原因，生活中总是只有少数人是大多数人想要结交的朋友。但是同样基于种种原因，大多数人并不知道那些少数的人是如何理解他们大多数人的行为的。刚才小强说他那个"真正的朋友"从来都不"抢"他的玩具，而是"换"，注意这两个词。

在这里我们不讨论所谓的"心计"，确实有些人有很深的城府，至少比另外一些人更深，他们可以用常人想不出的，就算想得出来也做不到的手段达到自己的目的。在这里，我们只讨论最普遍的情况。

所有的人都喜欢并重视甚至偏爱一种交换："公平交换"，小强也许并没有意识到，他所拥有的玩具数量，使得他从概率角度出发很难遇到"公平交换"，因为绝大多数孩子没有多少玩具，甚至干脆没有玩具，所以，那些孩子实际上没有机会，也没有能力与他进行"公平交换"，对他来讲，不公平的交换，等同于"抢"，没有人喜欢"被抢"，而与他"换"的那个男孩，让小强感受到公平。小强也有自己想要的但是却不拥有的，所以，他也去"换"而不会去"抢，"因为他自己就不喜欢"被抢"——把最新的玩具都给那女孩先玩……

某种意义上，尽管绝大多数人不愿意承认，他们的所谓"友谊"实际上只不过是"交换关系"。可是，如果自己拥有的资源不够多不够好，那么就更可能变成"索取方"，做不到"公平交换"，最终成为对方的负担。这样的时候，所谓的"友谊"就会慢慢无疾而终。也有持续下去的时候，但更可能是另外一方在耐心等待下一次交换，以便实现"公平"。电影《教父》里，棺材铺的老板亚美利哥决心找教父考利昂替他出气并为自己的女儿讨回公道的时候，亚美利哥就是"索取方"。许多年后，教父考利昂终于在一个深夜敲开了亚美利哥的门……

所以，可以想象，资源多的人更喜欢，也更可能，与另外一个资源数量同样多或者资源质量对等的人进行交换。因为，在这种情况下，"公平交易"更容易产生。事实上，生活里随处可见这样的例子。哪怕在校园里，"交换"本质没有体现得那么明显，但是，同样性质的行为并不鲜见。比如，某系公认的才子，会与另外一个系里公认的另外一个才子会"机缘巧合"地邂逅而后成为"死党"。俗话常说，"英雄所见略同"，可能就是他们一见如故的原因，所以，他们之间的谈话以及任何其他活动往往都会让他们觉得相互非常"投机"。

这样的例子太多太多。

当15岁的沈南鹏和14岁的梁建章第一次相识时，这两个懵懂少年不会意识到17年后他俩会联手创造一个中国互联网产业的奇迹。在1982年第一届全国中学生计算机竞赛上，这两个数学"神童"同时获奖。

不是因为他们两个要好，才各自变得优秀。而是因为他们各自都很优秀，才可能非常要好，而后命运的碰撞产生绚丽的火花。

而反过来，这些被公认为优秀的人，事实上往往并不"低调"，也并不"平易近人"。这并不是他们故意的。他们无意去惹恼身边那些在他们看来"平庸"的人，只不过无形中他们有这样的体会——"与这些人交流，沟通成本太高……"除非有一天，这些人终于意识到自己应该保护自己，因为有些误解根本没机会解释。于是，他们开始"谦虚"，他们学会"低调"，他们显得"平易近人"。

好多年前，我注意到一个现象，当别人求助于我的时候，我内心往往非常抵触，却又怕别人说我是所谓的"不够意思的人"，于是硬着头皮去做自己不喜欢做的事情。有一次特别受伤的时候，突然一闪念，想明白，原来这种尴尬本质上并不是来自于我没有"乐于助人"的品性，而是来自于我自己的精力并不足够旺盛，没有旺盛到处理自己的事情绰绰有余的同时，还有大把的时间精力用来帮别人做事——事实上，我自己根本已经是正在过河的泥菩萨。

承认自己能力有限，是心理健康的前提，我挣扎着去学习如何做事量力而行。说起来好笑，自己的智商有限到过去竟然没想到"量力而行"是如此高难度的行为模式——

1. 承认自己能力有限；

2. 不怕在别人面前露怯；

3. 敢于不去证明自己是"好人"……

所以说，往往只有优秀的人才拥有有效的人脉。并且正因为这些人随时随地都可能要回避"不公平交换"的企图，他们才更加注重自身的质量，知道不给他人制造麻烦，独善其身是美德。常言说，"事多故人离"，是非常准确的观察。而那些不优秀的人往往并不知道这样貌似简单的道理，他们甚至没有意识到自己的状况只能使得自己扮演"索取者"的角色；进而把自己的每一次"交换"都变成"不公平交换"，最终更可能使交换落空——因为谁都不喜欢"不公平交换"；每次交换的落空，都进一步造成自己的损失，使得自己拥有的资源不是数量减少，就是质量下降，进一步使自己更可能沦为"索取者"——恶性循环，甚至可能永世不得翻身。

还有些人，过分急于建立所谓的人脉，并全然不顾自己的情况究竟如何。对于这样的人，人们常用一些专门的词来描述他们，"谄媚""巴结""欺下媚上"甚至"结党营私"，等等。这样的人，往往也不是他们故意非要如此的。他们只是朦胧地意识到自己一个人的力量过于渺小，所以，才希望能够借助其他的力量。而一个人越是渺小，越是衬得他的欲望无比强烈。这样的人特征非常明显，其中一个就是，在日常生活中他们经常有意无意地用亲密的方式提及大家仰望的人物，无论他们与"大人物"是否真的存在私交密往。在中文语境里，他们就会只说名字不说姓氏：李开复不叫"李开复"，在他们嘴里是"开复"；李彦宏不叫"李彦宏"在他们嘴里是"彦宏"，沈南鹏不叫"沈南鹏"，在他们嘴里就是"南鹏"；最近我听到更恐怖、更令人毛发悚立的是，"小俞"（俞敏洪），"小邓"（邓峰），"大想"（理想）……

整体上来看，人脉当然很重要。不过，针对某个个体来说的话，更重要的是他所拥有的资源。有些资源很难瞬间获得，比如金钱、地位、名誉，尤其在这些资源的获得更多地依赖出身和运气的现实世界里。然而有些资源却可以很容易从零开始，比如一个人的才华与学识。才华也好学识也罢，是可以通过努力必然获得的东西。一个人心智能力一旦正常开启，就会发现自己在这个信息唾手可得的世界里，只要正常地努力，并且有耐心和时间做朋友，很容易成为至少一个领域的专家。努力并不像传说中的那么艰苦，只不过是"每天至少专心学习工作六个小时"；耐心却远比大多数人想象得巨大，"要与时间相伴短则至少五年，长则二十年"。

许多年后的今天，我又发现另外一个多年前智商平平的我不可能想明白或者预想到的事情（当然我现在也依然智商平平，只是多了些智慧）：当一个人身边都是优秀的人的时候，没有人求他帮忙——因为身边这些优秀的人几乎无一例外都以耽误别人的时间为耻，同时，这些人恰好是因为遇到问题能够解决问题才被认为是优秀的。

如果，终于有一天，你已经成为某个领域的专家，你会惊喜于真正意义上的有价值的所谓高效的人脉居然会破门而入。你所遇到的人将来自完全不同的层面，来自各种各样意想不到的不同的方向。而你自己也不再是过去一无是处的你，你不再是"索取者"，你扮演的是"乐于助人"的角色——很少有人讨厌善意的帮助，更何况你是被找来提供帮助的呢。

甚至，你会获得意外的帮助。如果你是一个优秀的人、有价值的人，那么就会有很多另外优秀的人、有价值的人为你提供帮助。这样的时候，这样的帮助往往确实是"无私"的。正如没有哪个医生做到救死扶伤之后仅仅因为酬劳太少而恼羞成怒的一样，那些品质优秀到一定地步，境界豁达到一定层次的人，往往真的可以做到"施恩不图报"。因为对他们来讲，能够有机会"验证自己的想法"本身就已经比什么都重要，并且可以令他们身心愉悦。然而真正有趣的现象是，被帮助的你也正因为并非寻常之辈，所以一定懂得"滴水之恩，当以涌泉相报"的道理。最终皆大欢喜，只因为"沟通成本几近于零"，同时的效果自然是"交流收益相对无穷放大"，良性循环。

生活的智慧就在于，集中精力改变那些能够改变的，而把那些不能改变的暂时忽略掉。专心打造自己，把自己打造成一个优秀的人，一个有用的人，一个独立的人，比什么都重要。打造自己，就等于打造人脉——如果人脉真的像他们说的那么重要的话。事实上，我总觉得关于人脉导致成功的传说其实非常虚幻，只不过是不明真相的人只好臆造出来的幻象罢了。

我并不是说，从此就不用关心自己身边的任何人了，或者说从此就无需与任何人打交道了。善于与人交往也是一种需要学习，并且也需要耗费大量的时间实践技能。我只是提醒你，别高估自己，误以为自己有那么多足够的时间可以妥善地处理好你与你身边所有人的关系。浏览一下你的手机通信簿里的名字吧，有多少已经很久没有联系过了？这么多年，我只见过两三个人回答我说，"最长时间没联系的，也不超过两个星期。"其中一个还是特别固执而特殊的人，他的手机通信簿里，总计才有22个名字。

事实上，真正的关心最终只有一个表现：为之心甘情愿地花费时间，哪怕"浪费"时间。这也很容易理解。因为，当你把时间花费到一个人身上的时候，相当于在他的身上倾注了你生命的一段——哪管最终的结果如何，反正，那个人那件事都成了你生命中的一部分，不管最后你喜欢还是不喜欢。每个人的时间都是有限的。所以最终，"真正的好朋友"谁都只有几个而已。

这实在是一个大到写两本书都可以的话题。以下是我的几个简单的，但实践起来并不是那么容易的建议：

专心做可以提升自己的事情；学习并拥有更多更好的技能；成为一个值得交往的人；

学会独善其身，以不给他人制造麻烦为美德；用你的独立赢得尊重；

除非有特殊原因，应该尽量回避那些连在物质生活上都不能独善其身的人；那些精神生活上都不能独善其身的，就更应该回避了——尽管甄别起来比较困难；

真正关心一个朋友的意思是说，你情愿在他身上花费甚至浪费更多的时间；

记住，一个人的幸福程度，往往取决于他多大程度上可以脱离对外部世界的依附。

你付出的所有努力，都会变成好运回来找你

[1]

几年前我读本科时，一个学长在UI国际竞赛中获得了全球第一名的好成绩。他的灵感来自于《机器人总动员》中机器人瓦力将垃圾压缩成块，提出了将城市垃圾再利用做成方块建筑材料的理念。学长也因为这个重量级的奖项拿到了米兰理工的入学邀请。

前几天在学校资料室，旁边的学弟在竞赛书上看到学长的方案，随口说："这些我也都能想到，只是晚生了几年，没他的运气！"

当年学长获奖后自己也说有运气的成分，但是其他人缺的，不只是运气。

的确，获奖的就是非常简单的理念。如果你是建筑学系的学生，《机器人总动员》你看过了，甚至你曾经买过瓦力的机器人模dtsw型；城市垃圾再利用你也知道，甚至利用再生材料做过空间构成；英语你也学了好多年，甚至还有人考过了雅思或者GRE。

但是，当UI竞赛的海报挂在系办门口的时候，很多同学路过：

有些人看一眼就觉得跟自己没有关系；

有些人把要求看了又看，觉得全英文表达太难；

有些人报名了，方案做到一半放弃了；

有些人好像完成任务一样提交了一份自己都不满意的作品……

想要走向人生巅峰，就要足够强大

本科毕业之后跟学长有过项目上的合作，那种勤奋而认真的态度和对于建筑师理想的执着追求，不是一般人可以做到的。

我离职回学校读书时，学长发给我的鼓励是：无论在哪里，一定要努力，要坚持理想，有一天你付出的所有的努力都会变成好运回来找你。

[2]

毕业那年我找工作的时候，跟表哥的同学H姐姐请教经验。H姐姐是那一年单位招收的唯一一个本科生，而且到了单位最好的一个所。表哥介绍H姐姐时有一句话："她运气可好了，做什么都很顺利。"

跟H姐姐聊天，她说："当时面试，只是带了我大学期间的几本手稿，《建筑空间组合论》那本书里的所有插图，和一摞速写。面试的几个领导轮流看了我的手稿，院长直接说："你的踏实、勤奋和几年来的进步都在这里反映得很清楚，我们需要你这样的员工。"

"我总是说自己运气好。但是哪里有白捡的运气。我不是一个有天赋的人。之前没有绘画基础，在大一时候我就看到了和其他同学的差距，于是开始坚持画速写。"

"那时候老师讲空间，推荐了《建筑空间组合论》，我就把这本书看烂了。每一个图都画过好几遍，每一次都有新的理解。"

后来在H姐姐家看到她的那几本手稿，我一点都不惊讶这几本手稿可以打动面试官。图的旁边配上了自己的理解，有小插图，也空间特点分析。

再提起当年的事，H姐姐问我："那天如果院长不在场，不知道其他人会不会做出同样的选择？"

我想，就算院长不在，其他人面试也会做出同样的选择。因为H姐姐比别人多的，不只是运气；那天面试H姐姐的是谁，自然也不是关键所在。

《建筑空间组合论》基本上每个建筑系学生手上都有一本，有人甚至没有完整地看过一遍；

速写和手绘，建筑系学生都曾热爱过也痛恨过，但是没有人坚持几年如一日每天画建筑速写；

对空间的理解和把握，都知道是建筑师做设计的灵魂所在，没有几个学生会长年累月地琢磨空间这玩意儿……

H姐姐说的运气，是踏实，勤奋，还有做事认真的态度，不懂就钻研，不熟就多练，不会就努力学习。

看到别人，尤其是身边同一个圈子里的人，受运气青睐的时候，总是会有人觉得他们运气好，觉得自己也只是需要一个好运。

[3]

还记得我大学时坐火车回家，路上邻座一个人说是贾平凹的同乡，小时候跟贾平凹一起玩泥巴的，然后满脸不屑地说："小时候他还没有我学习好，作文也没我写得好，后来运气好被人发现了捧红了，我就是没那运气！"

我回到家跟爸爸讲起这件事，爸爸笑笑说："那种心态就好比大家一起在路上走，有人突然搭车走了一样。随后他们的差距越来越大，就会有人以为自己缺的只是一辆顺风车。"

不可避免，曾经一起玩泥巴，一起上自习，一起吃饭的人，慢慢开始有了差距。而那些看上去比你运气好的人，比你多的，不止是好运。

我们看到别人的成功，赞扬他们的时候，他们会说是运气好。

好运听得多了，那些好像很轻松，又把事情做得很好的人，我们真的以为是运气好，或者，是天赋。而忘记了如果没有努力做支撑，运气和天赋，是没有意义的。

事实上，好运背后，都是坚持不懈的努力。天才背后，都是辛勤抛洒的汗水。如鲁迅所说，哪里有天才，我是把别人喝咖啡的工夫，都用在了工作上。

职业网球运动员小威在战胜A·拉德万斯卡后说："我不知道这是不是运气，我不相信运气，我只相信努力。"

很多人的"尚未成功"，欠缺的不仅仅是一个好运，还有足以支撑好运的努力。如果不努力，运气就算来了，也还是会悄悄溜走的。

好运，不过是机遇正好碰到了努力。即使很多人觉得自己和成功之间只是差一个好运，但是好运来临的时候，并不是每个人都可以把握住。

机遇，不过是给你一个努力的机会。即使像雷军说的，在风口，猪也能飞上天，那也得努力找到哪里是风口，更要努力走到风口上。

人和人之间的差距，远远不止是一个好运。好运对于努力的人来说是机遇，对于不努力的人，什么都不是。

如果别人在奔跑的时候，你在睡觉，别人在思考的时候，你在傻笑，那别人好运的时候，你只能"呵呵"了。没有谁的生活是云淡风轻，也没有谁的好运是唾手可得。

如果运气还不够好，是提醒你该努力了。有时候，努力就是好运，像学长说的："有一天你付出的所有努力，都会变成好运回来找你。"

{你的行为是你最好的代名词}

[1]

朋友小M给我讲过他的一个经历：三年前他刚工作，家里急需用钱。他找当时的部门领导，领导只是简单问了几句，直接从个人账户转给小M十万。一年之后，小M把之前借的钱还了。

还钱的时候，领导问他："知道为什么愿意把钱借给你吗？"

要知道那时候的小M，刚入职三个月，是基层职员。领导说："我有个女儿，她贴在卧室墙上的照片里有你。"

原来领导的女儿在大学期间，也去特殊教育幼儿园做过几次义工。当时读书的小M是那个义工小分队的领队。小M每周组织活动，其他队员可以根据自己的时间不定期参加活动，小M每周都去。领导的女儿去过五次，五张义工合影的照片上，都有小M。

领导说小M刚入职一周之后他就发现了，也跟在国外读书的女儿确认过，当时的领队就是小M。领导认为这个年轻人做了两年义工，更没有向任何人"炫耀"，踏实又善良，人品和前途都不会差。

听小M说完，我想起一件事。大学期间我在西安博物院做义务讲解员的时候，接待了几个从北京过来的游客。

当时我只负责讲解两个展厅，带一批游客一般需要三十到四十分钟。那

想要走向人生巅峰，就要足够强大

天带他们出来，两个小时都过去了。他们的问题很多，在每一件展品前面都要停留。

展厅出来之后，引导他们在休息区休息，我也坐下来聊了几句。他们一直夸我讲得细致又有耐心，虽然是义务讲解，比专业讲解员还尽职。

知道我学的是建筑设计之后，其中一位先生给了我一张名片："毕业之后如果来北京，到公司找我。"他是某建筑设计公司的设计总监。

那时我大三，还没有想过毕业之后的事情。后来搬宿舍，那张名片也丢了，当然我也没有去北京。当时确实是在无意之间，为自己争取了一个机会。

[2]

同学面试一家地产公司，和HR相谈甚欢。虽然说着让朋友回去等通知，已经明确暗示他被录用了。

临走时，HR说："有时候跟一个人喝一杯茶，就知道是不是想要找的人。你所做的每一件事，每一个动作，每一个眼神，都是你的名片。"

这位HR说得一点都不夸张，一个人是谁，并不是他的简历和名片上写了什么，而是他的所作所为。一些或大或小的事，也许不能代表一个人的品行和修养，但是在旁观者眼中，你所做的每一件事，都有可能代表你这个人。

还记得之前广为流传的《寒门再难出贵子》中，一个实习的男孩因为把两盒会议用烟装进了自己的口袋被领导看见，领导否定了这个人。

之前单位一个很注重细节的教授级高工，他在学校面试研究生时，有一个学生穿着太邋遢，直接对他说："既然你不重视这次面试，我们也不需要重视。不用面试了，你出去吧。"

这两件事仅因为细节否定一个人的行为，也许有不恰当之处。但是做的更不恰当的，是那两个男孩。这样与机会失之交臂，是领导太苛刻，也是他们用行为，亲手给自己的名片上画了一个大大的"否"。

[3]

不管是在职场，还是在生活中，每个人都会用自己的观察来判断一个人。

不知道别人怎么想，反正我觉得：

一个穿着整洁，认真热情的快递员，做什么工作都不会太差；

一个能把最简单的工作耐心做好的实习生，交给他的事情我就可以多一份安心；

一个对待陌生人都客气礼貌的女孩，性格一定不会差到哪儿。

同样道理，我不相信：

一个在地铁上因为一句话就大吵大闹的两个女孩，有随时控制自己情绪的能力；

一个满脸愁云的人，内心对生活有满满的热情和期待；

一个在小事上谎话连篇的人，跟客户谈合作时能以诚相待。

总之，你所做的每一件事，好的坏的，都是你的名片。

不要低估周围人的判断力，认真对待生活和自己正在做的事。也许你以为没人看到的时候，有人已经给你贴上了标签。或许这些标签很快随风而去，或许，这些标签会一直跟着你，决定你的去留。

有人说所谓教养就是细节，你的每一个动作，每一个笑容，都是你的教养。有人说打败爱情的是细节，你的每一次猜疑，每一次歇斯底里，都是在亲手埋葬你们的感情。

细节可以成就一个人，也可以否定一个人。不要惊讶一个人对你的肯定和信任，都是你自己用认真和努力争取来的。更不要埋怨别人用一件事否定你，只怪你给了别人否定你的机会。

中国传统文化中，君子讲究"慎独慎行"。做最好的自己，即使没有人看到的时候。你对生活认真，生活一定比任何人都知道得清楚，也一定会馈赠你想要的一切。

所以，出门带上笑脸，说不定谁会爱上你的笑容。就算下楼倒垃圾，也不要让自己邋里邋遢。

{ 内心的强大 才是真的强大 }

[1]

沙大神是我朋友圈里的著名"牛人"，众所周知他"上知天文，下知地理，音乐体育心理无所不通。"

然而他的日子却凄惨无比，不仅各类聚会随不出份子钱，打个游戏的各类付费都需要我赠送。

我理解他，人的一生不需要富足，只需不断探索并快乐着。但我又很难理解他，知识转化为财富真的有那么难吗？

直到最近我发现了原因。

沙大神的英雄联盟是被我带进坑的，不到几月就成了其中高手。但奇怪的是，他的段位停留在中上水平就再也上不去了。

我问他：要不要努力一下，争取成为职业玩家！

他说："那些什么王者级别的，都是些不会享受生活的蠢货，我不屑成为他们。"

我接着问他：那如何看待那些段位比他低的玩家，他们不就在享受生活吗？

他回答我："一群小白，不仅操作上手残，战术上更是垃圾。"

沙大神说这话的时候得意洋洋，仿佛他只需要用一点点努力就可以达到常人无法达到的水平。他不仅看不起那些和他付出了同样努力却得不到相同效果的人，他更看不起那些努力是他几倍，但成果只比他优秀一点的人。

我突然想起了，我初中时的同桌女生，她总是每晚复习到深夜，但期末考试却只比我高几十分。我得意洋洋地向周围人炫耀，要是我和她一样努力，早就清华北大了吧！

我的这份炫耀毫无意义，最终上清华的是她不是我，在努力这件事上，成果大于速度。或者说，这个世界不关心谁跑得有多快，它只看重谁先跑到终点。

考70分的人是永远没有考90分的人厉害的，无关谁付出了多大努力。付出30%努力做到50%的人只能收获内心虚幻的成就感，那些付出了200%只收获了80%的人却能得到这个世界的奖励。

沙大神之所以失败，就在于他既不能像职业玩家一样靠游戏为生，也不能像休闲玩家一样娱乐舒心。他的生活充满了掌声，实际上一事无成。

小时候，妈妈总告诉我们：如果你再努力一点就会很了不起哦！这个信念一直支持着我们走到今天，殊不知这份自信害了我们，成了我们偷懒的最好借口。因为"努力一点就行"是"不断努力下去"的最大敌人。

[2]

曾经的我也以自己是一名"斜杠青年"为荣，除了主业是一名心理学教师外，我热爱画画，游戏打得不错，时不时还能写点现实小说。如果要把我名字前面加上前缀的话，几页纸都写不完。

很长时间以来我很满足这种状态，我认为自己兴趣广泛，热爱生活。

但渐渐地我开始发现不对，机灵如我却在面对人生上全线溃败：游戏上我被高手虐得一塌糊涂，写作平台上我的小说阅读量寥寥无几，我投稿的画无数次被退稿，我申报的课题被学术大牛轻松挤下。

我跟导师汇报了我的情况，导师笑着说：

"你只是看起来很厉害！你聪明地以为，你能通晓各大领域。实际上，你在每件事上都做了逃兵。"

看起来很厉害，只是我的自我感觉罢了。真正的厉害是有一个分水岭的，这个分水岭就是搜索引擎，如果你能提供的东西都能在网上搜到，那你一定并不厉害。举例，很多人在游戏上多赢了几次就觉得自己厉害，这真的是一种错觉。你必须玩到能和百度上发布视频的那些人一个技术，那才叫厉害。我可以不厉害，但我绝不炫耀。

其次，人的一生虽然有无数的分支，但却是有主线任务的。我所有擅长的东西是必须沿着我的一个专长展开的。我的主线任务从来没变过啊，一直都是在科普心理学的道路上战斗。于是我整合了我所有的技能，让他们为这个主线服务。

我用自己的画画技术，为自己创造了一个剑圣喵大师的头像。

我不再单纯地写历史小说，而是用通俗的文笔来科普心理学知识。

每天工作完毕后，我会打开游戏玩几局，不在乎输赢，纯粹消遣。

以前我很自豪，在写作平台上我写了十万字，就已经接近别人四十万字的点赞数。有一天我彻底抛弃了这种自我麻痹，我开始佩服那些写作字数多的人，我从每周一更改为三天一更，不知不觉中，我已经成为写作平台上排行前列的人。

我非常喜欢现在的自己，现在的我已经没有过去那么狂妄了，我似乎更能知道自己到底想要的是什么，我没有了过去爆棚的自豪感，反而无时无刻都在感受自己的肤浅。

每晚睡觉前我不再得意自己有过什么成就，我开始回忆自己走过的路，回忆起这条荆棘的路上我的每个脚印有多深，有多痛苦。

[3]

"看起来很厉害"到"真正厉害"差着10086本书。

"真正很厉害"到"生活达人"差着十万八千次尝试。

花儿们总以为有了刺就可以显出自己的厉害，殊不知这才显示出它的弱小。

在这个信息爆炸的时代，我不担心你学不到东西，我只担心你学到一点东西就沾沾自喜，妄自尊大。这种智力上升的厉害感，其实是一种逃避现实的快感。有时候思想的冗余比思想的贫乏更加可怕。

即便你满腹经纶，如果你自命清高从不写作、把知识分享给别人也只能是默默无闻。即便你武功盖世，如果不锄强扶弱、匡扶正义，也难成一代大侠。

真正厉害的人，是不会用"厉害感"装饰自己的。生活达人们不管看起来是否厉害，他们都不会在真刀真枪的实战面前抱头鼠窜。

即使你拥有倾国倾城的容貌，经天纬地的才华，富可敌国的金钱……即使你拥有这个世界上人人羡慕的一切，也不能证明你的强大，因为心的强大，才是真正的强大。真正的强大永远是沉默的。

没有为之努力的梦想，别说是自己的

前一阵子参加朋友聚会，听闻一朋友的青年旅馆越做越好，已经开第二家了，从原来的入不敷出到现在小有收入。想当初他砸锅卖铁地去创业开青旅，所有人都觉得撑不了多久，没想到他竟这么坚持下来，而且成功了。于是，大家都说他真棒，实现了自己的梦想。

这时，有人说，"好羡慕他是个有梦想的人，那我的梦想是什么啊？"

众人突然安静了几秒。

听到有个人长长地舒了口气，他说，"其实我以前也梦想做背包客，再去丽江、大理哪里开个客栈。面朝大海，春暖花开。"

有人马上接着说，"我也是的。"

"我好想去骑行西藏，去世界流浪。"

"我想逃离大城市，找个乡下种田，养花，养狗。"

顿时，好像打开了潘多拉盒，每个人纷纷蹦出自己的梦想。可说来说去，大家的梦想无非是去旅行、去开客栈、去骑行西藏，等等，无非就是逃离现有生活的圈子，过一种没有工作没有俗务的日子。

这时，有个人说，"我的梦想很简单，就是天上掉了很多钱给我，我的要求很简单。"

大家一哄而笑，这个话题也就此结束。

可是梦想的话题从来都没有结束。从你小时候，老师就让你写作文：

《我的梦想是××》，于是你就开始写：我的梦想是老师、我的梦想是作家、我的梦想是科学家、我的梦想是警察、我的梦想是宇航员……小时候的梦想是一个个职业，身份标识。

长大后，梦想就变成一个更为遥不可及的词。它可能不再是职业身份，而是不能到达的生活。80、90后的青年们，如果你一问，十有八九，大家心中都有过骑行西藏梦，或者辞职说走就走梦，或者开客栈梦诸如此类的梦想。

而网络、媒体也经常在向人们传输各种旅行的梦想，环游世界、间隔年、背包客等概念，从一开始的新鲜，到如今几乎人人皆知。关于旅行的梦想，变成一种时尚、流行的梦想。最常见到的故事可能是某个人放弃原有安稳的生活和工作，追寻自己的梦想，行走、旅行，再做一名自由职业者。

于是大多数人的梦想也变得如此相似：放弃原有的安稳，去寻找动荡而富有个性的生活方式。可是真正做到的人又有多少呢？多少人不是酒醉时说一下，回头又到自己的寻常轨迹上走着。这种感觉，不就像小时候写的作文吗？写个老师认可的标题，凑个几百字，仿佛给自己贴了一个光明的标签，可以心安地站在大众的队伍里：我也是个有梦想的人，而且我的梦想也是很棒的哦！总是写完就是了，至于真的是自己想的吗？真的能做到吗？不用管了！梦想嘛，不就是梦里想的吗！

每次看到这样的人和我谈梦想，我一般开始都说如果你想好了就去做，那就支持你，有时我还是会感动一把的。可是看到他们后来的行为，我只想说你只是在做梦。梦想，在你没为它做过什么之前，它都不能叫梦想，只能叫"梦和想"！特别是，你们的梦想，真的是你自己想要的吗？是的话，你为什么没有为它做过什么？不是的话，为什么老是拿别人梦想就说是你的呢？

为什么这么多人都拿相似的梦想放在自己的头上呢？说到底，梦想是一种情感诉求。大多数生活在大城市的人们，一方面适应大城市的快节奏、高竞争度的生活，一方面又渴望能逃离现有机制，于是辞职、旅行、逃离成为大多数人的梦想。

也许会有人要来打我，"搞不好你这个人连梦想都没有，还敢说我们的梦想是拿别人的？"其实，我也有做个背包客，来个间隔年环游世界的梦想。可是，我从来没为这个梦想做过多少事，我没为它做过什么，我不敢告诉别人，我捂着它，就像小孩把硬币投在储钱罐然后藏起来，我不知道哪一天我才会砸开那个罐子。我也不否认这个"梦和想"，最开始就是因为看过许多人潇洒浪漫的故事和观点。

之前大冰的《他们最幸福》火了之后，有一些人说他看完书后就辞职去旅行了，让人发笑又无语。在书里，大冰曾提及他写这些故事的用意，大意是写了这些人的故事，不是为了让其他人也跟着去做，而是告诉人们除了平常看到的生活方式，还有很多人也过着不一样的生活，但是也是幸福的。幸福不应当只有一种模式，生活也不应该只有一种是对的，正如价值观，没有存在谁对谁错。而梦想，应该是体现你的价值观，并且你能遵循它，并为之努力，以此寻求你最想要的人生和自我。

当然，还有很多人经常说自己没有梦想，他们说我只想安静地过个小日子，结婚生子，有个房子住，有个小车开，这么平实的愿望，是梦想吗？谁说不是呢！平和舒服地和家人一起生活，你觉得幸福、有意义，不就好了吗？谁说梦想一定要高大上，一定要孤独前行的？它不应当是永远不能实现的，而是经过你大脑和心灵的辨识，你能为之努力，并服从你的价值观和人生观的东西。

所以，别老是随便就拿别人的梦想来说是你的。没有经过自己吸收、接纳的东西，不能称之为自己的想法。没有为之努力的梦想，也别说是自己的。唯有那些为之努力、为之付出的东西，才是真正能够属于你的。每一次，当我看到有哪个人遵循自我的价值观实现的梦想，例如在某个远离喧嚣的地方开了家客栈快乐地生活，放弃安稳工作去追求年少时喜欢的艺术，或为了自己的小家充满爱地奋斗，我都满怀敬意。梦想，才是属于这样的人。

别让你的青春直接走入死亡

当你七十岁，拿起老相片，除了满腹感慨，竟然找不到一丝英姿飒爽的影子。你只能任由皱纹无奈地放肆生长，然后看着夕阳日落，你的孤独只能在苍老的记忆里蔓延。

其实终老并不可怕，可怕的是你的一生没有一件令自己骄傲的事。你不是患者，但你却得了退缩的病。

人活在当下，也不过短短几十年，我不想让我的青春直接走向死亡。我可以拼命，我可以失败，可是我不能眼睁睁看着岁月就这样无情流走。

我不求白发苍苍、年过花甲的时候能安度晚年，至少我能给我的一生一个交代，而不是碌碌无为得像个乞丐。

[1]

我前几年认识了一个姑娘，比我大两岁，应该算得上是我的学姐。

那时候我跑去上海，整天奔波在路上，想在暑假找份工作，挣点学费。

我们是在公司里打上交道的，因为小领导欺负我们是外来的，总会再三刁难我们。给我们加产量，让我们晚下班，不准我们说话，还不允许我们多吃饭。

有苦还要往肚子里吞，就怕万一闹掰连工资都拿不到，毕竟连个合同都没签，你连哭都找不到地点。

就在我们都委曲求全地埋头苦干时，她像英雄起义一样，终于受不了压迫，跑去领导办公室理论了一番，但是结果是没起任何作用。

暂且叫她园姑娘，一米七的个子，我当时在想这姑娘是吃熊心豹子胆了，真有勇气，还特别个性。

那段时间，我们走得很近，去上海梅奔看了一场演出，当时我们说以后要一起去看周杰伦、陈奕迅、五月天，要去祭奠我们逝去的青春。

我答应她了，并且我想等我们一毕业就去。

她是个很努力的姑娘，也是我佩服和崇拜的人。

她上大二的时候，是校外舞蹈室的店长，没有工资白干活那种，但是她每天拼命练习，她说没有天赋不要紧，重要的是信念。

她去年的时候去了北京一家流行舞基地，进行了两个月的魔鬼训练。她去培训的钱，都是打工还有省吃俭用攒下来的，我说她，是不是太不要命了。

她跟我说，梦想虽然不一定会实现，但是要努力让自己不后悔。

也许所有成功的路上，都会充满荆棘，但你要有一双斩草除魔的双手。

去年11月份她离开舞蹈室，踏上实习面试之路，结果奔波了一个多月都没有着落，索性就回家休息去了。

你不能说她不够优秀，而是现在这个社会，存在太多就业问题，但是我羡慕的是她说坚持就一定会努力的决心，她可以没有顾虑地勇往直前，就算最后没有任何回报，也只求一句无悔。

[2]

记得我小时候总是在想长大以后，到底是出国还是留在国内。

但是事实我哪都去不了，我只有待在小城市的命，上着以后混口饭吃的专业。

曾经参加校运动会，差0.1秒就能拿到第六名，也只有全校第六名才颁发奖金，结果我什么都没有，连榜上题名都没有。

有时候成功与你就是一秒，抓住你就为王，抓不住，那就很遗憾地告诉你，你就是个失败者。

有段时间在医院住院的时候，我总是会看见那些消极的，积极的，乐观的，悲观的，还有上一秒存在，下一秒消失的。

你会看见许多对生命的惋惜，他们觉得一切来得太突然，他们还有好多心愿未了，不甘心就这样被疾病折磨。

在那些病人的眼里，他们总希望时光能温柔相待。

可是在意外突然降临的时候，你不能被砸昏了头，除了否认，你也要奋起和恶魔战斗。

我见过一个男孩，大概七八岁，莫名其妙得了血液疾病。这对一个尚未涉世的孩子来说太残酷，其实他什么也不懂，只知道要吃很多药，要做很多检查，身体才能好起来，才能去学校上学。他无法理解生命这两个字所承受的重量，更不明白它的概念。

他确实很小，但他却承受了一个孩子不该承担的痛苦。

他会抓着妈妈的手，笑着说："别哭，我会好起来的。"

当时病床的灯光照在他虚弱的脸上，正巧被我一个转身瞥见。

我突然就在这一刹那，明白渴望，明白明天，明白命运多舛，明白要为我的每一天活着努力。

人可以平平凡凡，但一定要健健康康。你拥有了一个健康的身躯，凭什么不努力。

[3]

闺蜜刚考大学那会儿，大伙都认为以她的实力，一本妥妥的。

结果考了一个不知名的二本，她说要复习，不愿意去。我劝了她，谁都不知道下一年考题会怎样，万一考差了呢，宁做鸡头也不做凤尾。

她去了以后，学了播音主持。我说，你不是艺术专业生，学这个专业对你来说没有太大作用。

这次她说，她不想在乎别人的看法，她选择了就会努力。她偶尔会利用空余时间干一些喜欢的事，学个吉他，练练口语交流。

她说她第一次活得这么潇洒，没有在乎那些流言蜚语和大众压力，她觉得很好。

确实，她活得很精彩，播音学得并不比专业的差，参加比赛，参加演出，她很努力，并且也很快乐。

所以，她的选择没有错，她的努力没有错，成功堵住了一些人的嘴，包括我。

我曾经觉得只要一毕业，我就可以挣钱，然后创业，最后发财，买房买车送爸妈。

可是如果目标能这么容易的实现，那社会也不会有这么多失败者了。

有次，老妈带我去买衣服，相信下面我要说的场景，大家都司空见惯了。

当时我妈穿得很普通，她节约了一辈子，也不在乎穿着。但是对我却舍得花很多钱，我们去了一家××名牌店，进去就随便溜，店员都把我们当空气。

倒是旁边一个阔太太，招呼得服服帖帖的。老妈当时看中了一件衣服，还没说让她拿给我试一试，就把我妈冲一顿，说摸脏了她的衣服。

我一听来了气，把衣服拿到她面前，问她哪里脏了，是不是她心里脏，看不起谁，你家衣服高贵你留着自己穿吧。

原来如此，你要足够有势力，足够有钱，你才能被人看得起。

[4]

我说过我不能让我的一生都让人看不起，我不会一直活得卑微。

我要走在哪里，都能买起任何东西。不管别人问什么问题，我都可以对答如流，我要用知识充盈我的大脑，不用一遇到任何事，都要死皮赖脸地去恳求别人。

我想让自己活得有颜面，想让父母长脸，想告诉所有人我什么都可以。

在命运面前我不是一个姑娘，我是一个求生者，是一个想要成功的人。

但是在这些统统没有实现之前，我必须要足够努力，才能一直骄傲走下去。

想要走向人生巅峰，就要足够强大

{ 被嘲笑不可怕，
可怕的是你一蹶不振 }

[1]

那是我背井离乡的第一年，在家乡已经把夏天过腻了，我却一个人在南半球强撑着活过一个寒冬。

我在一个小小的咖啡馆里端盘子，全靠这份工作为下个学期的学费攒资本，经常熬夜写作业的虚弱睡眠和高强度的工作量，让我的记忆力有些吃不消。

有一次为客人点餐时，我在点单那张纸上把"炒蛋"错写成"煎蛋"，结果把食物端出去时，就遭来顾客投诉。一直在背后紧盯我的老板娘瞬间暴跳如雷，这让我整个下午的耳边都充斥着反复的责备"你怎么这么不小心呢？！害我损失客人，你知道这少赚多少钱吗？你拿什么赔给我？！"

她的声音是如此地尖利，不带丝毫仁慈，我不住地道歉，心里却抗议着："我已经和客人道过歉了啊！""我每天不是都早来十分钟吗？！""我的手上因为去厨房帮忙还被切伤一道呢！"

可这些委屈就被理智紧紧地卡在喉咙里，任何毫无思考就脱口而出的话，都能让我马上失去这工作。她给了我一个"赶快走开"的手势，于是我钻进厨房里，背对着她，装作去水池里洗碗，眼泪啪嗒啪嗒掉进满是泡沫的污水里。

我那因为工作，在右手小指切下的刀伤还没来得及痊愈，隐隐的痛令我觉得，全世界都在以最恶劣的方式欺负着我。

那一年，我就这样被大大小小的歧视重压着，每走两步就会遇见谁的"瞧不起"。我从不后悔自己一个人出来闯荡的选择，可我憎恶冷冰冰的陌生人。

咖啡馆老板娘每一刻都能被触动得神经暴躁，自大的客人一副目中无人的模样，某个科目的老师说出"你期末成绩得B就不错"的预期，一起租房的男孩子看不惯我很晚才回家，一副"没有钱就回国啊"的傲慢态度，就连那个麦当劳的十七岁服务生，都皱着眉头地递给我可乐，好像我磕磕绊绊的英文，不配在这里寻一处落脚地。

我像一只被巨浪推上岸的鱼，身后是在海里自由穿梭的同类们，可命运却偏偏把我丢在沙滩上搁浅着。这是一片多么灿烂的海岸啊，远处就有此生未遇的美妙风景，可我却大张着嘴巴，虚弱地发不出半点声音。

我没能总结出什么可以安慰自己的道理，自从远离家乡就懂得，再艰难也要保持坚强，因为没有人会帮你擦眼泪。

我是个一无所有的姑娘，穷得只剩下自尊心，那些敏感的情绪无时无刻不在身体里发作着。我多少次在心底暗暗地发着誓，我要有一天，可以用优秀于现在百倍的姿态，重新站在那些"瞧不起"我的人面前，向所有人证明，我不是应该被瞧不起的那个人。

这样的心态，说来有点不健康，但是却让我在很长的一段日子里充满了斗志，不管谁觉得"你从来不优秀"，或者"你以后也不会优秀下去"，这都成了我人生的刺激疗法。

那几年我有多么拼命啊，连朋友都觉得我努力到变态的程度，但是人生，必须有一个自己的活法。

我拼命地读书，让那个说我"期末成绩得B就不错"的老师预测落了空；

我拼命地赚钱，在富有男孩子的面前为自己那份饭买单；我拼命地学习，练习驾车提高英文水平，证明给别人看，一个女孩子独立起来也可以做那么多的事；我拼命地成长，不管是看书写字做运动，渐渐可以在那些觉得我此生注定平凡的人面前，抬起胸膛走路……

这些拼命，都让我成为一个优秀版本的自己，也让我从别人开始转变的目光中知道，优秀就能赢来尊重，优秀就能给自己一个发言权，这是我深刻体悟到的人生道理。

[2]

如果观察身边突然间奋起的朋友，我们大概会发现，有很多努力并不是自发的，而是来源于一种伤害。

我的女性朋友因为老板一直以来的性别歧视而感到愤慨，提起老板一副咬牙切齿的模样，于是一心扑在工作上，发誓自己有一天一定要翻身做老板；

身边也有因为肥胖或相貌平凡，突然被恋人抛弃的好女孩，看着前任仰着鼻孔看自己的模样，决心在失恋后的日子里用全部精力提升自己，发誓要修炼成一个完美的女人；

还有一些在城市中挣扎的年轻人，被黑心房东不停上涨的房租和居高临下的态度烦忧着，于是加班加点努力赚钱，发誓要在这个城市里赚得属于自己的一平方米接着一平方米……

走进残酷的社会才知道，天生弱者的女孩子，不努力就没有优秀的机会，不优秀也就失去了被尊重的机会。

如果你是一个女孩子，同我一样平凡却甘愿乘风奋斗，我相信你的人生中也遇见过这样的时刻：明明怀着一颗善良的心拼命努力着，却无时无刻不在被忽视着；你在内心深处无比需要被认同，却偏偏遇见了嘲讽；你渴望被重视，却偏偏遭到了白眼；你期望自己的才能可以去改变一些什么，却偏偏有人告诉你"你不会成为任何人"。

若你正在经历这份坎坷，那只有一个原因，说起来残酷也真实，"你只是不够优秀而已"。别去相信美丽可以拯救自己的全部缺点，也别去指责这世界残忍的一面，很抱歉，现实里不会存在永久的吸引或同情，人总是头朝向更好的地方而忽视在低处挣扎的那些人，这是人类共有的特点。

也许你会问我，"一个女孩子，怎样才算是优秀的呢？"

我很难对这件事下一个确切的定义，但是看看身边令你心生佩服的女孩子，不难得出结论，她们的优秀，源自多方面，美丽，健康，有气质，有文化，有一技之长。她们保持着两位数的体重，赚五位数的月薪，气质出众，谈吐睿智，生活向上，穿着高跟鞋，在这残酷的世界里，用理性的声音砸下一个个掷地有声的符号……

这些优秀，或许有点先天的关联，但什么都敌不过后天的努力，没有人可以天生完美，但努力，能够让我们越来越优秀。

我是"脚踏实地过日子"的忠实拥护者，不是命运的投机主义，深信女孩子趁着年轻时，多一点努力，就多一点收获，这世上再没有比这更划算的投资。

你坚持运动保持身材，就不用因为穿不进S码的衣服被人嘲笑；你会开车，就不用在下雨天麻烦别人送你回家；你会赚钱，就不用暗示男朋友给你买那个新款的手链；你工作出色，就不用被老板支来喝去冒着失业的风险；你有房子，就不用忍受房东暴涨的房租和糟糕的态度……

无论什么时候，优秀都是一个女孩子的发言权，不管在哪里，能让你发声的机会，都潜伏在你的才能里。

想要走向人生巅峰，就要足够强大

我曾经发誓，如果变瘦了一定要站在曾经嘲笑我肥胖的人面前；如果有钱了，一定要再见一次讽刺我贫穷的人；如果找到更好的工作，就一定回到曾经受尽老板刁难的小餐馆……可是这些事啊，在我瘦下了换工作了口袋里多了几个硬币后，一直到最后都没有发生过。

我恍然大悟，这份来自社会的残酷，从来都不是别人的错，一个没有钱没有地位没有学识的女孩子，还能指望一个陌生人拥抱你摸摸你的头再给你不离不弃的帮助？相信我，这世界从不会有强者对弱者无条件的资助，连爱情都未必能慷慨如此。

如今很少再去回想曾经受过的委屈，也谈不上过去的伤害是要感谢还是记恨，我已经慢慢理解，"没有时间浪费在没价值的人身上"，这只是人生的常态。这些激励我最终进步的伤害，何不是人生的另一种转机？

我在这些"瞧不起"的眼神中，学会用一种沉默的姿态闷声努力着，我没办法拒绝这种负面能量的发生，但我终有一天可以让更美好的自己站在你面前，静静地告诉你，"我不是你想象中的，那么不堪一击的人。"

几个月前路过那家咖啡馆，那里依旧繁忙，我却没有停留。右手的伤疤还浅浅地留在小指上，那些苛责的话也没有忘怀，而我远远地看着那个忙前忙后的老板娘，在心底为她给我上的那堂课，深深地鞠了一个躬。

不要忘了
让自己
修修身养养性

只有乐观、积极、
上进、健康的你，
才配得上你所拥有的生活。

{ 虚情假意的
人才没好感 }

[做一个真实的人，比做个好人更重要]

"对不起，我不想……"

"小姐，你看你也觉得我们会所还不错，而且我们工作也是有任务需要
留下客户资料的，而且绝对不会打扰到你，只是会发些活动信息。"

他不死心，不断地说服我，但我依然坚定而礼貌地拒绝了。一次在路边
等司机来接我，旁边一位健身中心发单页的小伙子过来搭话，我闲来无事闲聊
了几句："看着档次不错啊""有多少平方米""看你的身形像教练啊"……
快要结束时，他希望我留下电话号码，我无比笃定地知道，这个会所的位置，
我是不可能每周坚持到这么远的地方来健身的。

但若是几年前，看着这个努力的小伙子，出于礼貌，出于对他努力工作
的认可，我多半还是会把电话留下。但现在，我不留余地地拒绝了他。

因为这一次，我很清楚即使我把电话留下，除了能满足我当下做个"好
人"的需要，对这个殷勤的销售人员没有任何好处，只会在未来浪费他的时间
和我的注意力。

我百分之两百确定，已经有两张健身卡的我，不可能再在这个地方办卡
了。除了失望，他永远不可能在我身上得到他期待的结果。

我花了很久才学会一件事，真实地表达自己的态度，哪怕是拒绝，哪怕

是讨厌，都比含糊不清要更慈悲，因为至少别人知道了你真正的态度之后就会明白该以怎样的态度来回应你。

能够对不爱的人明确地说出"不爱"，对爱的人说的爱才真正有力量！

我见过一些在婚姻里不断消耗彼此的人，他们已经完全无法享受这段婚姻，会想尽办法加班，出差，下班之后会留在车上迟迟不上楼，也不愿意跟自己的伴侣做爱，但他们就是不提出离婚。

他们顾及别人怎么看自己，不想破坏在亲人、朋友、孩子、同事、客户等外人眼中的那个好人的形象，所以无论那是多么死气沉沉的婚姻，都永远不做那个做决定的人。

他们在慢慢消耗对方的同时也消耗自己，让双方都生活在绝望的关系里，认为只要自己比对方更能忍耐一点，那么对方就会提出离开，这样自己就能避免成为那个先做决定离开的坏人！

如果你总是试图扮演一个好人，而对周围人的态度是模糊的、不拒绝、不明确等，这其实是一种无知并且软弱的表现。这也很残忍，会让你身边的人在和你的相处中非常混乱，无所适从。

[做"好人"的瘾是对别人虚伪对自己残忍]

在很多课程里，很多导师常常会教导学员要宽恕，要原谅，要爱，不仅要爱你在意的人，还要爱伤害你的人，因为每一个来伤害你的人，都是一份功课，一份礼物。

但在我的课程里，我不会这么教导，因为这个要求太高了。当一个人的境界还没有到达众生平等、以人为我时，我们自然会有亲疏远近。

真实并不是要对厌烦的人咄咄相逼，或者把你的情绪垃圾乱扔。但至少永远要明白，你做的每一个决定都是以自己的感受和最佳利益出发，当别人试图逾越你的边界时，你要坚定而清晰地拒绝。当至亲的人和疏远的人同时需要帮助的时候，你也可以毫无挂碍地选择第一时间伸手给至亲的人。

如果不这么选，要么你已经跳脱出娑婆世界的二元法则，进入涅槃境界中的全然的合一，不分你我，心性圆满了。

如果你真实的评估你没有，却还是无法拒绝别人，那么你就是有做"好人"的瘾。这种瘾无关乎慈悲或者大爱，这是一种无法停止的需要索取别人认可的强迫性重复，是对别人虚伪，对自己残忍的双输法则。

所以为什么很多人喜欢小S和金星，因为她们都足够真实，都活出了很多人想活却没敢活出的部分。例如，当年小S跟谢娜同台为她们一起合伙开的甜品店宣传时，有记者问，你们会不会合伙做生意伤感情，小S却说，其实我们关系没那么好了。

有多少人敢对自己没那么喜欢的人说，其实我没有多喜欢你。有"好人瘾"的人，不仅不会说出来，还会表现出很喜欢的样子，让对方产生很被喜欢的错觉。

很多年前，我和另一位代理商为一个客户归属发生纠纷，那位代理商拿了原本属于我们这边团队的佣金。而关键是那位客户已经在公开场合已明确表明是我们服务跟进的，而且表态时总部负责人就在现场。

但这位负责人谁都不得罪，含糊不清，不明确表态，最后这件事情就不了了之。不久那位代理商就离开总部另起炉灶，做得风生水起，而我也在后来退出合作。

这个事情过了很多年，现在想起来，那位代理商的争执至少出于本心，从自己的利益出发，够直接而且真性情。而那位负责人就是位典型的"好人瘾"患者，虚伪而懦弱，两边都想黏糊着，什么都想要，最后什么都没落着，剩孤家寡人一个。

可惜我那时候不够像现在真实有力，对肆意侵犯自己边界的人表明态度。事情发生后，明明有愤怒却没有彻底真实地表达，结果在后来的合作关系中积压了很多心结。

直到现在，我才真的可以对自己和身边的人真实，这真的是自我成长最有价值的部分。

[对自己真实，哪怕做一次"坏人"]

前不久和公司的导师Z在咖啡厅开会，她分手不到半年的前男友的现任女友竟然打电话来咨询他们的情感问题，这位现任女友我们彼此都认识，长沙的。

之前分手虽然是她主动提出的，但曾经用情至深，伤了心。那位现任女友也都在一个圈子里，整个过程她都知道，虽然分手跟她无关，但瓜田李下，而且她之前已经打过一个多小时咨询电话了。

而我这位导师Z每天的工作非常忙，我认为无论如何，于情于理，这位现任打电话来都显得很不懂事。最后Z终于很无奈地挂了电话。

后来我们聊起这事儿时，我侠肝义胆直接给了建议，算是犯了作为指导教练的忌讳，但出于真心也罢，私心也好，我很想这么做。这建议就是，别理她！

Z后来发了个信息给对方，意思是很忙，而且也再没意愿为对方继续做这种免费咨询，如果作为客户付费，很欢迎。发了之后，我赞她干得帅！

真实就是在关系中有清晰的边界，自己人，支持者，引领者，旁观者，竞争者……无论是在生活中、情感中还是在工作中都清清楚楚，明明白白。

爱憎分明永远好过恩怨纠缠。

所以要感激那些直接拒绝你的人，这样永远好过那些含糊不清的人，让你产生希望，投入了生命中最宝贵的时间和注意力，最后精疲力竭却无所适从。

结束或尚未开始都是最好的结果，因为那都意味着新的机会。最糟糕的是从来都不确定是否开始，也无法肯定是否结束，然后在这种茫然中慢慢消耗掉宝贵的生命。

所以当你面对这种含糊的"好人"而无所适从时，请一定要对自己真实，哪怕做一次"坏人"，也一定要表达自己真实的想法，如果对方依然执着地要带着这好人的面具无法自拔，请果断地远离这样的人。

如果你自己有这种"好人瘾"，也请真实地表达自己，带着牺牲和委屈所维持的关系一定是危机四伏的，而关系中的另一个人永远都不会知道自己究竟该如何面对你，你表现出来迷人的无私和真实的自私会让身边所有真正想亲近你的人感到混乱，然后是无力和崩溃。

永远要相信，真正的你比取悦别人的你要可爱一千倍。

{ 落落大方会 为你带来更多 }

有一个刚毕业的女孩告诉我，她到新的单位后，由于性格内向，不善交际，不仅在公司里和同事间没什么话说，而且有时候让别人误会了她。

因为她工作很认真，又不怎么爱说话，所以同事们有棘手的任务总丢给她去做。她有时候很想拒绝，但是不知道怎么说出口，也害怕同事对她有意见。

有一次，她在做一个别人丢给她的策划方案的时候，写错了一个数据，导致操作时才发现产品成本上升了不少。这个方案本不属于她的分内事，但是错误却是她造成的。领导批评她的时候，她非常想解释，但是总没有勇气为自己辩解。她害怕看到同事鄙视的眼神，以及老板瞪大的眼睛。

她的内心充满苦闷和烦恼，经常感到迷惘、失望，甚至不愿意去上班，只想一个人待在家里。

生活中，像这个女孩一样在人际交往中陷入困境的年轻人非常多。性格内向、不自信是导致他们陷入困境的主要原因。从心理学的角度看，这是一种害羞的人格特质。只要在社交场合，就会感觉到不自在、紧张，逃避与他人接触。他们在路上看到熟人时，如果对方没看到他们，他们也不会主动上前打招呼，而是装作没看见，或故意躲避；即使与人说话也不敢与人对视，跟人说话的时候声音非常小，一讲话就会脸红舌头僵硬。尽管他们也想多交朋友，但是表现出来的举动却让人觉得他们不愿多交往。

很多刚毕业走上工作岗位不久的年轻人，还没有完全适应工作环境，面子薄，怕碰壁。我们经常用害羞、腼腆、闷骚和柔和来形容这样的年轻人。

"我想交朋友，但就是不知道如何开口。""我害怕说话，怕别人觉得我笨。""我生来就这个性格，可能改不了了，苦恼！"

有一个年轻人在跟我聊天时告诉我：

"现在是我毕业以后的第二份工作，本来我很想和同事、老板搞好关系，但就是不行。我很怕做错事，怕他们说我，怕造成不必要的损失。"

"有一次我把一样商品的价钱记错了，少收了顾客的钱。我就十分的害怕。我知道做错了事一定要承认，但是我没有勇气。我怕他们的冷眼，而且我给他们的感觉是个迟钝的人。我总是把一些简单的事情做错。我知道他们在背后一定经常说我，看不起我。

"现在我真的想改变自己的局面，因为不改变就会被社会淘汰了。"

还有一个年轻人在给我的邮件中写道：

"我发觉我很自卑，虽然说每个人都有表达自己情感的权利，但我很多时候都因担心别人嘲笑我而不敢说出来。"

"比如有一次，我和一些新认识的朋友出去玩，过程中大家都很愉快，但是事后我却没有勇气问他们的名字和电话。因为我觉得这样做很唐突，别人会认为我是故意靠近而这样做的，同时又担心我的朋友会笑我。

"还有一次，我和几个陌生的女孩子出去，只有一个是认识的，我很想和其他几个说话，但是看到她们的谈吐和衣着都很时尚，我就不敢开口了。"

过分羞怯有碍于工作、学习和人际交往。这是因为有羞怯心理的人过多地约束自己，太拘谨难与人建立亲密的关系。沮丧、焦虑和孤独会导致性格上的软弱和冷漠；而羞怯则会导致怯懦、胆小和意志薄弱。通过下面的举例，你可以确定你是否有害羞倾向：

与陌生人讲话对你来说是一件很困难的事。与人交往时，你常常感到不自信。在社交场合，你会感到不自在。与不是亲密朋友的人在一起时，你感到紧张。

如果你经常有上面的感觉，那么你就是一个有害羞心理的人。轻度的害羞是正常的，但是害羞过度不仅影响你的社交，还影响到你的身体和心理健康，让你感到压抑、孤独、恐惧和缺乏自尊。南京有一名公务员有一次向领导汇报工作时，突然感到面热喉紧，呼吸急促，胸闷心慌，以至于说不出话来。此后，她害怕开会，见陌生人紧张脸红，不愿与人交往，患了"社交恐惧症"。

既然意识到自己的腼腆给自己带来如此多的烦恼，那么就从现在起，大胆一点，训练自己的社交能力。

首先，要对自己的社交能力有信心。英国哲学家黑格尔说过："人应尊重自己，并应自视能配得上最高尚的东西。"对于怕羞的人来说，千万不要为自己的短处紧张，恰恰相反，应经常想到自己的长处，要深信："天生我材必有用。"要培养自信心，相信只要真诚，付出努力，必定能得到他人的认可。

不要害怕别人的评论。仔细分析那些怕在大庭广众中讲话、羞于与人打交道的人，便不难发现，他们最怕得到别人否定的评价。这样越怕越羞，越羞越怕，形成恶性循环。其实，"哪个人后无人说"，被人评论是正常的事，不必过分看重。有时，否定的评价还有可能成为激励你的动力呢。

有意锻炼自己。开始可以先在熟人中多发言，然后在熟人多、生人少的范围内练习，再发展到生人多、熟人少的场合，循序渐进，逐步增加对羞怯的心理抗力。每到一个新场合之前，事先做好充分准备，增强信心，提高勇气。总之，要有意识地锻炼自己。

只有与人接触、交谈和相互了解，才会萌发感情和建立友谊，才能找到知己。当人全身心地投入到集体活动中时，同志的友情，集体的温暖，娱乐的兴奋，会令人忘却生活中的烦恼、压力，也没有了不安全感和孤独感，不仅有利于身心放松，更会因此建立情绪的良性循环，促进心理健康。

学会自我暗示法。每当到陌生场合感觉紧张时，可用暗示法镇静情绪，例如把生人当熟人一样看待，羞怯心理就能减少大半。当在陌生场合勇敢地讲出第一句话之后，随之而来的很可能就是流利的谈吐了。用自我暗示法突破起初的阻力，是克服羞怯的一种有效措施。

只要你敢于对羞怯说"不怕"，并勇于在实践中克服它，就会走出羞怯的低谷，成为落落大方的人。

不要忘了让自己修修身养养性

{ **真正的往来
是不怕麻烦的** }

上个月，闺蜜燕子生完宝宝，接下来要给孩子办一些诸如防疫等的证件。我们是多年的挚友，我就陪她办理。

有个表需要去某单位盖章，燕子知道我同学也是发小林子在那，就让我跑一趟。

我拿着表到了林子那，他接了我电话刚从外面回来，专门在单位等我。

顺利地盖完章，我告辞出来，边走边和林子客套：晚上我请你吃饭吧，咱们也好多年没聚过了，这次又给你添了麻烦。

林子有点急：你和我怎么这么客气，咱俩用得着吗？看着他着急的样子，我鼻子酸酸的。

是啊，我家和林子家住在一个胡同，从小一起长大一起上学。小时候，我俩经常一起做作业，一起玩游戏，一起欺负和我们不是"一伙儿"的同学。

好多年，他在我面前都像个兄长，虽然他只比我大几个月。初中毕业后我们考上了不同的高中，从此分开，联系也少了。

但林子在我心里一直像个亲人般存在，这种童年伙伴，感情最真。每次想到他时，我的脑海里都会浮现出"郎骑竹马来，绕床弄青梅"那两句诗。

有好几年，我和林子失去联系，直到一次开会时遇见才加了微信，但很少聊天。

我的客气，让林子和我都那么不自在，曾经的青梅竹马，竟然慢慢陌生起来。

　　回家的路上，我一直想这个问题。人生境遇不同的我和林子，关系变淡，会不会是因为我们平时很少麻烦彼此，怕打扰对方，渐渐就疏远了？

　　朋友间如此，其实，亲人亦如是。

　　记得有个周末去父亲那，看他老人家说话时别扭，觉得不对劲，一问原来他刚刚拔了牙。我问谁陪他去的，父亲笑呵呵地说：我自己去的，你们都挺忙的，怕给你们添麻烦。

　　我急了：您上了年纪了，怎么能一个人去医院呢？我们再忙，也有时间照顾您啊。

　　父亲像个做了错事的孩子，局促不安地笑：你每天脚不沾地，我能少添点麻烦就少添点吧，又不是什么大不了的病，拔个牙而已。

　　看着父亲空洞的牙齿，我心疼的同时，觉得有种淡淡的疏离感。

　　我想起自己小时候去医院拔牙的情景。那时我不过七八岁的样子吧，该长一颗牙齿的地方，竟然一前一后长了两颗，父亲说必须拔掉一颗才行。在医院拔完牙我一直哭一直哭，父亲带我买了好多好吃的，我才不哭的。

　　而我和父亲，从什么时候开始，怕给对方添麻烦了呢？

　　从我嫁做他人妇那时吧，他觉得女儿已经不是曾经黏着他讲故事的小棉袄，而是人家的媳妇，更多的精力应该是放在小家庭建设上，不能整天顾着娘家。

　　可我是他的亲生骨肉，是他老人家在这个世界上最亲的人，不麻烦我麻烦谁呢？

　　被父母麻烦，我一直认为是一种莫大的福气。

　　我多么希望妈妈还能够给我添麻烦，我不嫌她唠叨，不嫌她买处理的蔬菜水果回来，不嫌陪她逛了半天商场不花一块钱，只要，她还在就行。可今生

不要忘了让自己修身养性

今世，妈妈再也不会麻烦到我了。

母亲去世前一年，基本都是在医院度过的。每次我们请假照顾她时，她都一脸歉疚，嘴里嘟囔：又让你们休班，这月是不是得扣工资了？每次看到她一脸的不安，我都会说：妈，您生病，儿女照顾您是应该的。我不怕麻烦，您安心养病就行。

我从小到结婚，在家里都没干过多少家务，结婚后也整天在妈妈家吃，我的女儿，从几个月就交给妈妈带。妈妈的一生，犹如一支蜡烛，燃尽了自己，为我们照亮前行的路。而她唯一给我们添的麻烦，就是那段住院的日子。对于那些麻烦，我却是满满的感激，那是我唯一能找到一点心安的事情，否则，一世母女，我就唯有歉疚了。

是啊，当孩子不再麻烦你时，或许已经长大成人远离身边；当父母不再麻烦你时，或许这辈子都见不到面了；当朋友不再麻烦你时，或许你们已经不再是朋友。

其实，越是爱你的亲人，越是真正的朋友，越不愿给你添麻烦。他们知道你忙，心疼你累，怕给你添负累，宁愿自己扛着也不吭一声。

可是，多少人走着走着就散了，多少感情冷着冷着就淡了。所以，不要怕麻烦，在麻烦与被麻烦中才能加深彼此的感情。

在我们生命中，能有几位挚友？能有几个青梅竹马的小伙伴？能有多少至亲至爱的亲人？

亲爱的，只要是你，我不怕麻烦。而你，也一定不要和我客气。

被你麻烦，我愿意。

{邋遢的人才不讨喜}

我有个闺蜜叫Y，女儿优优是个颠倒众生的小美女，带去麦当劳都有回头率。优优从小听惯了夸赞，难免有点洋洋得意。名校毕业的Y很发愁，生怕闺女因此走上偶像路线不注重内在素质提高。说实话，她发愁的有点早，优优时年才三四岁，但Y已私下警告我们：以后看到她，不许夸漂亮！

有次Y要带优优来我家，我提前跟我妈说：见了优优千万别夸她漂亮，Y很忌讳。优优一进门，我妈看了她一眼说："就是……"真不愧是我妈。

然后我妈同Y就此事交换了意见，并认为这么做很有必要。她教了三十多年书，知道最后能在学业上爬到巅峰的都不是漂亮姑娘，因为漂亮姑娘大多在半道上就跑偏了。当然，这是她的经验之谈。

我从小到大受的教育也是这样：爱打扮是可耻的，爱打扮说明这人不爱学习。只关注外貌是肤浅的、庸俗的、上不得台面。我的青春期就这样度过：当别人开始在外表上捯饬时，我茫然四顾不知所云，偶尔忙忙碌碌，也多致力于"提高个人素质"。如果有人夸句好看，我会觉得受到天大侮辱。

犹记十八岁那年，换了件衣服出来，觉得不合适，又换了件，一个男生见了开玩笑说：你时装模特吗？我大怒，当场斥责人家。结果两人大吵一架，差点动手。那男生当时说了句话这么多年犹在耳边："我就没见过你这种女的！"

差不多十年前，坐火车去侯北机务段，当时很瘦，腰围大概只有一尺七八，穿了件艳粉色无袖背心和一条及踝长裙，净身高165的我还踩了双高跟鞋。下车时，车下面一群铁路职工围着等车，这时有个男的大着嗓门说："天哪，侯北还有这么精干的妞儿！"引来哄堂大笑。当时涨红了脸落荒而逃，心中羞愤难当：这人就是流氓！十年过去了，再忆往事，那分明是一种专属工人阶级的直截了当的赞美方式，我干嘛吊着脸，为什么不能微笑着对人家说声"谢谢"呢？对，是我的观念出了问题。

去年春天，在回老家的火车上遇到个大姐，大姐看了我一眼说："咦，你不是医院那个小妞妞吗？你那会儿穿件白衣可漂亮了！"一连说了好几遍。我听得十分困惑：我，也，漂亮过？其实十八无丑女，年轻的姑娘偶尔都有那么一两次的惊艳时刻，没啥大不了。我真正惊讶的是，我为什么那么无感，连自己曾经长什么样都忘得一干二净。回想青春，那竟是一片寡淡的荒芜。

最好的时光已过去，再回首有什么用！只好不回头。所以我现在觉得，Y实在犯不上对优优的美貌如临大敌，让她懂得欣赏自己才是头等大事，好的鸟儿要懂得娇宠自己的羽毛。

要说明的是，我也不是不修边幅的人，只是对打扮欠缺热忱。我一直没意识到，对自己外貌的不用心，已让周围人忍耐了许久。

就拿护肤来说吧，我从不防晒，一到夏天就晒成泥巴猴，黑就黑吧，有啥了不起，晒出斑也无所谓，反正冬天都会消退。

前两天去了趟壶口瀑布，大太阳下一不戴帽子二不抹防晒，裸着张脸玩个够，回来后黑了一大截，两颧骨上已有星星斑点，我也无所谓。回来后丁丁约我吃饭，碍于面子当时没说啥，回去后就微信我：你现在的主要任务是美白。

哈，美白。这个词我听得耳朵都起茧了。去日化店，有个男店员盯了我很久说：你不想白点？我说：不想。去超市，经过护肤品专区，促销大妈拉住我说：姑娘，你需要美白。我说不用。大妈叹口气，送我几个美白小样，说你回去抹抹。

对，我就一直我行我素地黑着，觉得不是什么大不了的事，又不靠脸吃饭。

单位有个大哥半开玩笑转述，他媳妇儿看到微信上我的照片说，这女的长得挺文艺。他当时就对媳妇说："你没见本人，她哪儿哪儿都好，就是有点……"

So what？who care？我又不是犯了滔天大罪。为什么这么多人来挑剔我的脸？你们是和我的人相处？还是和我的脸相处？

但让我真正觉醒的是件小事。

就在前天，铜锣湾商场，本想去退换牛仔裤，却在店长怂恿下穿了件类似旗袍的裙子。带着试试看拉倒的心态把那件裙子套上身，当我从试衣间出来，迎面撞到店员们惊艳羡慕的目光："你居然可以把印花驾驭的这么好！"我转过身，看到镜中那个完全不认识的人，在心里吹了声口哨。

怔了几秒后我再想：是的，我明明可以更好，为什么不要？忽然懂了，别人劝我在外表上用点心，绝对是种善意。当看到一个人明明可以更好一点，却像扶不起的阿斗那样死活不争气，真正关心你在乎你的人会替你可惜，越好的朋友会越生气越着急。

我不肯在外貌上下太多功夫，跟受的教育当然有很大关系，可这么多年过去了，我已是个成年人，应该与时俱进从谏如流不是吗？为啥会如此固执呢？

因为，懒。

这才是真相。不愿把精力往脸上分散一点，抱着过得去就行的态度跟生活打马虎眼，掩耳盗铃，以为不照镜子就一切ok。其实连贴三天美白面膜就可以舒缓的事就不干，至于观感，那是别人的事。我就这么打发自己的脸，说严重点，是种态度散漫、不思上进的表现。

现在才明白，无论男女，在修炼内在同时，也该对自己的外表多负责。外貌与内在不是非此即彼的关系，它们完全可以共生共存，相互辉映。适当让自己更美一点，是对自己的用心，也是对周遭世界的尊重，更是种无声的语言，好像在说：

看，我是一个认真生活的人，谁也不能来随便轻慢。

我最终买下那条旗袍裙。走出店门，拐个弯，迎面遇到一个面膜柜台，导购小姐热情地说：姐姐，我免费给你做个美白面膜吧！

这一次，我乖乖地坐了下来。

{ 在爱的人面前，就别斤斤计较了 }

[1]

好友方不见写了一个略狗血的故事，女生和男朋友恋爱三年，一起扛过了很多苦日子，眼看情况出现好转，俩人终于可以不再住城中村，也不再拮据到连自助餐都吃不起。

这个时候，男朋友的父母催着他把女朋友带回家，希望可以早定吉日结婚。在带女生回家之前，男朋友做了一件让人大跌眼镜的事，也让女生伤透了心。他把女生带去了一家品牌专卖店，让她选一件喜欢的衣服。女生看到价钱最便宜的一件都要两千多块，她拉着男朋友要走，男朋友却用温暖有爱的语气对她说：喜欢就买一件。

女生原以为男朋友是感念三年来她同他一起吃了很多苦，所以想送件贵一点的礼物给她，她又感动又开心地挑了一件2500块的外套。哪知刚买完衣服，男朋友就提出了分手。分手的原因居然是他认为女生一点都不持家，舍得花2500块去买一件衣服。

看到这个故事的时候，我闷在心里的一口血差点吐出来。对于普通家境的人来说，2000多块的外套确实不算便宜，可是一个要用钱来考验爱情的人，从本质上来看，是认为钱比人重要，钱比情重要的。这样的人，精神世界是贫瘠的，内心是粗俗的，格局是狭小的，倘若不幸遇到，确实是早分早好。

虽然故事情节奇葩，可现实生活中类似的案例，我也见得不少。

以前我老家楼下住着一对夫妻，女人在失业一段时间以后，提出了离婚。一开始所有人都表示不解，后来听说是她受够了男人对钱太过斤斤计较。她有工作的时候，大家相处还算相安无事，夫妻双方按照各自收入比例负担家庭开支，虽然老公有些抠门，从来没有给她买过一件像样的礼物，她也没有抱怨过，只当是家里不富裕，男人也不解风情。

女人失业以后，没了经济来源，她老公还要她拿家用出来，反正他只出以前规定的数目，多一分他都没有。于是女人只好省吃俭用，做点兼职稍微贴补点家用。中途孩子病了，他非常心不甘情不愿地取钱出来，连声埋怨就是因为女人现在不挣钱，所以他的钱个个月都超支。

这些事伤透了一个女人的心。为什么会伤心？并不是女人物质，而是她们认为对自己心爱的人好，是世界上最美好的事情。女人在男人一无所有的时候，愿意陪在他身边和他一起打拼，心里惦记他所需要的。反过来也是一样，男人如果真心爱一个女人的话，也会惦记她所需要的。在这个商品社会里，没有什么能比物质更适合充当表达爱意的载体了。

女人伤心的不过是爱了这么久，才看穿身边这个口口声声说爱她的男人，却舍不得花钱来给她更好的生活，这算哪门子爱？

[2]

我家小时候挺穷，生活曾一度窘迫到一日三餐只能吃清汤挂面。我妈爱美，就是这样艰难的处境，也要穿戴整齐梳上好看的发髻才出门。我爸知道我妈讲究，就把自己的烟酒都戒掉了，这部分开支可以给我妈每个月添上件新衣服。

很多年以后，我们家的经济条件已经好了不少，虽然依旧只是一个普通的工薪阶层家庭。有一次，我妈要参加一个阔别十年的同学聚会，爱面子的她希望能穿一件体面的衣服去。逛街的时候，她挑中了一件貂皮大衣，穿上很富贵，我爸形容"像国母"。可是一看价签，我妈就走了，因为那件衣服打完折都要将近一万块。

我爸说："没事，我们卡里又不是没有这一万块钱。"我妈摆摆手说："不买了，去年有一件羊毛大衣也能穿去。"

最后，我爸还是悄悄地去把那件衣服买回来。看到那件衣服的时候，我妈表面上数落我爸乱花钱，可心里别提多美了，因为我们在场的每个人都看到了她眼里闪动的泪花，和星辰一样耀眼迷人。

一万块意味着我父母两人近两月的全部工资，意味着好几个月的生活费，意味着我爸要存近一年的钱，但就因为我妈喜欢，她需要那一件奢贵的衣服在多年未见的同学面前撑撑场面，我爸就毫不犹豫地买了下来。

就像华为CEO任正非说过的："我们成功是为了给老婆多赚点钱，不是为了当世界领袖。"

是啊，因为他真心爱你，就会想把他能给的一切都给你，你喜欢一件大衣，他能买得起就买，他买不起也会努力奋斗争取将来可以买。钱花了再赚，你没了快乐就没了。

这才是一个真正爱你的男人会为你做的事。

[3]

我认识一个白手起家的土豪，他给我讲过一个故事。有一个和他一样挺有钱的老板，一生中爱过两个女人。他得了癌症就快要死了，临终前他把他名下的产业都交给了自己的老婆，交待她照顾好孩子。然后他又把一本日记和一片泛黄的树叶交给了初恋，他对初恋说一直对她念念不忘，就算结了婚也深爱着她，这本日记里记下的就是他对她的思念，那片树叶就是当初第一次见她时掉在她头上的。

土豪问我："你认为这个男人爱老婆还是爱初恋？"

我说："两个都爱吧。"

土豪摇摇头："我就知道小姑娘才会这么想。他当然是爱他老婆了，一本日记一片树叶算什么？还在耳听爱情的年纪？光说心里忘不掉你，怎么没见他给初恋一分一毫的财产呢？"

我跟他犟："可那都是很珍贵的回忆啊，怎么能拿钱去做比较？"

他慢慢地说：回忆再珍贵，能吃吗？能喝吗？吃喝是人生存的基础，基础都没有，何来的爱情？

坦白说，我真的被土豪惊艳了。

发妻与他同甘共苦不少年，现在他做建材生意发了财，终于熬出了头。现在他老婆浑身都是大牌货，隔三差五还会给她买非常贵的包。他说：我老婆喜欢，她天天都说"包治百病"，那我就用"包"让她开开心心的，健健康康的。

这就是真爱。爱情不光是说得好听，更要做得好看。土豪说：记住了，小姑娘，不舍得为你花钱的人，就不会给予你太多实质性的帮助，更别提爱了。

土豪说的话确实很有道理，永远不要相信一个嘴上说爱，实际却不舍得为你多花一点钱来买快乐的人。

女人再追求经济独立，也希望被关怀被爱。和一个不舍得花钱的人在一起最大的痛苦，莫过于你感觉不到他的爱和关心。因为现实世界里的爱和关心绝对是和物质剥离不开的。

很多时候，女人未必是在向爱人要钱，要物，你只是在向他要"舍得"两个字。

而一个对钱斤斤计较的男人永远不会懂，因为在说你怎么不知道勤俭持家之前，他对你情感的河流，就已经先枯竭了。

{ ## 请收起你的
自以为是 }

　　办公室新来了个小姑娘，试用。中午吃饭，我看她一个人孤零零地没个伴，就请她一块吃。

　　饭间闲聊，我说你以前在哪儿工作来着？她说××公司（一家大公司）。我说那不错啊。她一本正经地说，是呀，但是我觉得刚开始工作，起点太高了也不好，所以想从低起点做起，这样还有上升空间。

　　我看着她，头有点晕，遂转移话题，问她有没有男朋友。

　　没有，她说，还没考虑这个问题。

　　我默默点头，觉得没法愉快地聊下去了。

　　后来我就琢磨，这姑娘看着机灵懂事的，可怎么就那么不实在呢。

　　一个二十好几的姑娘，说没考虑过感情问题，我纵是智商再感人也没法相信啊。你说至今没碰到合适的，或者一大堆人追你你都看不上，我都信，但要说你还没考虑过这事，也太那个了，咱不至于发育那么晚吧？你跟我装纯情，有啥意义，我又不是组织派来考察你生活作风的。

　　还有工作问题，咱都不是富二代，哪个不想有个好起点，然后越来越好？我也不算孤陋寡闻，但还真没见过放着好单位不去，非要换个一般的，以体验步步上升的快感。这是生活，不是网游，你走错了道可不是点一次again就能重新开始的。

　　后来事实证明，这姑娘就是在那家大公司没过试用期，不得已离开的。

其实你实话实说，我绝对不笑话你，因为咱都知道留在那里的难度。反而事情被你一虚构，倒显得可笑了。

其实跟这姑娘犯一个病的人为数不少。很多事情，明明说实话就挺好，但有些伙计非得东扯葫芦西扯瓢，一本正经地逗你玩，搞得你心烦意乱。

这毛病的根源，我想一方面是人有自我伪装的天性，另一方面，也跟原生家庭的教育密切相关。

我们虽然口口声声地说着"诚实是美德"，但很多中国家庭，其实并不鼓励孩子说真话。为了让孩子显得懂道理、守规矩、有教养，很多家长早早地就教会了孩子虚伪。那些懂得向不喜欢的人示好、违心地拒绝自己想要的糖果、明明讨厌幼儿园却一口咬定自己喜欢去的孩子，往往会得到表扬和鼓励。

我见过一个老太太，为了让小孙子不乱买玩具，跟他定了这样规矩：你越说想要的，我越不给你买，你说不要了，我才买。这招效果很好，孩子去了商店基本都不会哭着闹着要，只会拿着喜欢的看，奶奶问他要不要，他会说"不要"，然后奶奶就满意地买给他。

可以想见，在这种教育方式下成长起来的孩子，会多么习惯性地伪装自己，多么怯于表达真实的自我。当"说假话对自己更有利"的认识在一个人心里根深蒂固，他就会在明明可以说真话的时候，不自觉地选择说谎。这很容易让他给别人留下不实在、不坦诚的印象。

而且，一个对别人特别不诚实的人，往往对自己也会如此，他会下意识地压抑本我，不允许真实的自己冒出头来，而被压抑在潜意识里的自我，会不停地提醒他干扰他，破坏他辛苦维持的美好假象，于是各种累，各种拧巴，各种不知所措便应运而生。

人有许多积极心理品质，真诚是极其重要的一个，它对一个人内在心理状态的和谐，以及外在人际关系的繁荣都有重大意义。

前段时间我看一本家教书，讲到"对孩子来说，实事求是，是比黄金还珍贵的四个字"。说得太对了，一个不懂得实事求是的人，你能指望他的人格健康、完善、美好吗？你能相信他可以在社会上得到众人的支持和拥戴吗？你觉得他会快乐吗？

还记得当年那个因ATM机出现漏洞而多次恶意取钱被判无期的许霆吧，最初他靠着网友们的强力支持，得以平反，但在重审的法庭上，这厮居然声称自己多次从出错的ATM机里取钱，是本着"替银行保管钱"的目的。这显然是在侮辱全社会的智商了，直接导致网友全体倒戈，称其无耻，连公诉人都认为他没有彻底悔罪的表现。

其实如果他能老老实实承认自己是一时起了贪念，做了错事，以后不会再犯，问题也不会太大，但他非要说那么个蹩脚的谎，将自己置于不利的境地，真是太不明智。

可能许霆以及很多跟他类似的人之所以敢睁眼说瞎话，一来是习惯了说谎，二来，是觉得自己比别人高明，以为自己稍微动动小脑瓜就能把别人玩弄于指掌，以为那点瞎话不但能瞒天过海，还能显示自己博大的智慧。

可是其实呢？其实你玩儿的是你自己啊。

聪明人最聪明的地方，就是认为别人都和自己一样聪明。而傻瓜最傻的表现，就是觉得别人都比自己傻。

大多数时候，我们不能准确判断别人是比自己更聪明还是更傻，也便不能预测自己的假话会不会被对方察觉。那么，除非万不得已，不如实实在在地说句真话。因为一旦假话被看穿，后果往往比那句不太好听的真话糟糕得多。一句假话给你减的分，可能一百句真话都补不回来。当然，善意的谎言除外。

人说假话有很多种原因：为了逃避惩罚，为了获得利益，为了赢得好感……必须得承认，有些假话是有必要的，比如称赞女同事新做的怪异发型，或者借口生病推掉不想参加的聚会，此类假话无伤大雅，可以理解和接受。

但更多时候，我们其实是说了一些完全没必要的谎，类似开头所讲的小姑娘，其实就是一种过度的自我防御——明明很安全，却非要用虚假的伪装把自己保护起来，而且伪装得过了头，自己累，别人也不舒服。

虽然人都有自我保护的本能，但过度防御其实是有害的。好比一条变色龙，它根据背景变换肤色以保护自己，这很好，但如果在安全的环境里也不停地变来变去，或者因为用力过猛，反而把肤色变得异于环境，这显然就有问题了。

假话作为我们的伪装色，其副作用就是太容易弄巧成拙。所以，我们有必要改变"说假话更有利"的固有认识，尽量卸掉多余的伪装，适当地允许自己以真面示人。该说真话时要说真话，可真可假时也说真话，实在不能说真话最好保持沉默，连沉默也不行的话，就把假话控制在最小范围内。

马克·吐温说，人不可能一生一世不说谎，但是聪明人能勤快地训练自己体贴地说谎。

你学会体贴地说谎了吗？如果还没有，那就真诚点吧，这不但是对别人的尊重，也是对自己的解放，长远来看，实事求是一定比瞎话连篇更能为你营造良好的生存环境。

遇事学会冷处理

一对年轻夫妇来到民政局婚姻登记中心，要求办理离婚手续，两人都是怒气冲冲，恶语相向。一个说早办早解脱，一个说哪怕晚一分钟也是一种折磨。

然而登记中心的大姐总是和颜悦色、一脸歉意："实在对不起，打印机坏了，明天来好吗？"再去，却又是网络出了问题，还是要求明天来。几次三番过后，那对年轻夫妻竟然销声匿迹。婚姻登记员一语道破谜底，其实这就是一种善意的谎言、一种缓兵之计，目的是让双方冷静下来，理性思考之后再作决定。

遇到急事、要事、烦心事、危难事，一些人总是巴不得速战速决，立马见分晓。然而往往当时觉得很妥帖的方案、很痛快的决定，时过境迁，或者才隔了一个晚上，便又幡然醒悟，深为自己的鲁莽而后悔，为彼时的冲动而自惭。须知，有些事通过自己的追加行为，或许能将功补过，破镜重圆，从头再来。有些事，却是一江春水向东流，过了这个村没有那个店，只能徒唤"逝者如斯夫"。

冷处理是一种谋略和智慧。吾生也有涯，而知也无涯。一个人穷其一生，也不可能万事万物皆知晓，古今中外如数家珍。尤其面对突发事件，当事人任由意气用事，抑或凭借惯常思维行事，看似有的放矢、对症下药，却难免挂一漏万，攻其一点不及其余。方此时，压制情绪、平息怒气，遏制冲动、平复思绪，冷静看待事物发生发展的全貌，全面分析矛盾纠纷产生爆发的前因后果，就能知己知彼，既分清各自应承担的责任，又找到有效解决矛盾问题的方法途径。

冷处理代表了一种责任和担当，预示着当事人心态的成熟、看问题眼光的长远，以及分析判断事物的理性。人是一切社会关系的总和。一个人立身处世，不可能不考虑自己长久以来遵循的行为理念和价值规范，不顾及周围人的评价与议论。尤其当自己因为一时冲动而失去理智，触犯到大家一以贯之遵从、时时躬身践行的道德规范时，哪怕事后百般补救，也有可能成为众矢之的，并最终沦为孤家寡人。从这个角度而言，选择冷处理，做事既对得起自己的良心，又敢于坚持真理、修正错误，就能让大家心服口服，由此生发对自己的信任与信赖。

冷处理并非刻意行事迟疑、行为保守，与遇事宁当"稻草人"、甘做"缩头乌龟"有着本质区别。它的指向仍是处理，而不是任由事情冷下来，却因为迟迟得不到解决而矛盾越积越重，误会越来越多，隔阂越来越深，终会小事拖大，大事拖炸。

当然，冷处理更不是庸常意义上"大事化小，小事化了"的不处理。但凡需要冷处理，必定是关系紧张、矛盾尖锐、性质严重、影响恶劣之事，要求既治标又治本，既注重当前又着眼长远，既得其大又兼其小。

因此，冷静是前提，冷中还得有热切的关注，热情的接待，热烈的讨论，热心的周旋，热忱的解答，最后回归到问题的彻底处理、圆满解决，彼此之间心悦诚服、心满意足。相反以冷处理为托词，从此"黄鹤一去不复返"，不要说当事人不答应，只怕自己也会渐失公信力，说话无人听，办事无人应。

遇事学会冷处理，给对方思考的时间，给自己回旋的空间，是一种解决问题的务实眼光、坦诚姿态。尤其能够做到不冲动，不让矛盾再次升级，不使问题衍生问题，更是一种能力自信的表现、一种为人处世的修养。

{ 钱不是衡量
感情的唯一标准 }

朋友中有一个燕子姐，在职场上是个中层领导，叱咤风云。在生活中自称爱情宝典，经常给人指点迷津，常常一支招就拆散一对，人送外号"一剪没"。

燕子姐严肃地说："看来还是你男友力不行，这么点小事都不能忍受，那结婚之后，他还不把你欺负上天啊！"

燕子姐那位绝对男友力爆棚，燕子姐醉酒，看起来比她还羸弱的男友轻松给微胖的燕子姐一个公主抱，一口气上五楼不费劲，直接把燕子姐送到了卧室床上；燕子姐想吃男友亲手做的蛋糕，男友醉心研究了两个星期，于是堪比米其林大厨口感的提拉米苏就诞生了。

"男人不坏，女人不爱，同理啊，女人不作男人不爱！"

的确，燕子姐是"作"到了极致。她和男友分别住在城市的南北，在不堵车的情况下，往返一次要花费两个半小时。燕子姐卖足了萌，半强制地要求男友风雨无阻地接送上下班；看韩剧感动到失眠，一个电话把刚加完晚班的男友叫醒，哭喊着要男友来陪，在男友义正词严地拒绝后，陪她煲电话粥一直到天亮。

起初我们羡慕燕子姐可以被宠成小公主，可日子久了，就发现这样付出与回报不平衡的爱情开始有些苗头不对。

不可否认，女人都有着小聪明，总在对自己有利的情况下要求男女平等，却在要求不平等权利时高喊女权至上。

之前提到过一位朋友的朋友。

在临近结婚之际，要求本来就家底单薄，上班两年并无太多存款的男友买车买房。她也知道男友的实力，话里话外暗示只有一条路可走：让本就退休下岗的男友的父母掏钱买房。

生活总有焦头烂额的时候，男友白天上班，晚上就通过电话跟女友"谈判"，说是谈判，大概就是求情、求饶、求放过。

女孩也做出了退让，车可以不买，但房子没得商量。

最后男孩想尽一切办法，筹到了房款，交了首付，"顺顺利利"地结了婚。

说男孩心里不痛，我绝对不信，你究竟是想嫁给我，还是想嫁给房子？如果我这辈子就买不起房子，你还嫁不嫁给我？还是你想嫁个能买得起房的人？

可让我们劝女孩为了爱情，就委屈委屈结婚吧，好像也不人道。

随着出轨率的稳步上升，在男女平等的基础上，女人不但兼有上班、后勤总管、教育主力的重任，更是学会高科技，精通各种追踪软件，会破译密码，会翻墙会越狱，如果没有一个稳定的住所，女孩的安全感从何而来呢？

安全感这种事，每个人都有不同的定义，她的安全感，只能从让男友买房子这件事给。

消费男友这件事，早已经双管齐下，从精神剥削跳到物质占领，从撒娇谄媚到房产证上的红戳。

我们都说这个时代物欲横流，充斥着算计和尔虞我诈，可枕边人也要被你列为算计的对象吗？

当你在开始了不公正要求，对该履行义务的时候蛮不讲理地讨价还价的同时，你早已失去了女孩该有的善解人意和大方得体。

当你在开始算计房款谁出的时候，对方早已计划好了等你需要帮助，一旦你家庭需要帮助，面临焦头烂额的情况却无法托付给一个能安心的人的时候，他会想起你在他面临困难的时候，是如何刁难和不理解的。

他会迁就，但并不是毫无底线；他想珍惜，但绝不是毫无回报；他付出，但不是对无底洞。

我们都渴望男人能够多疼自己一点，但过分消费男友，标榜男友力必须强大的人，往往忽视了一个问题：你到底有什么值得男人为你付出这么多？

不可否认，当今社会，越来越多优秀的女孩涌现出来，在工作中发挥了超强的个人魅力，确实拥有选择好男人的权利。但挑战男友的底线，打破爱人的原则，是不是我们相爱的初衷呢？

秀外慧中，是评价一个女孩的标准，而慧中恰恰是对方愿不愿意跟你共度一生的决定性因素。秀外，是慧中的补充说明，如有清丽的外貌再加智慧、贤惠，怎么会没有好男孩愿意执子之手共白头呢？

好女孩的家教，从来都不是伸手向男孩要东西，从来都不是一味索取，从不付出。

爱一个人，就要花他的钱，那当然是爱的表现。

但爱一个人，绝不是一味地消费和索取。

如果为了接送而要求对方接送，为了秀恩爱就伸手要礼物，为了体现男友力爆棚就要求他放下身段，做那些本不该他做的事情。

他做了一次，是迁就。明知对方无理取闹却再三去做，就是犯贱了。

就算今天他肯为你做，明天他也干脆不做。明天他为你低头，后天他就肯为别人低头。一旦那个"明事理"的女孩出现，你们的爱情分分钟告破。

而你呢，第一次要求，是可爱。再三要求，就是故意不懂事了。这时候，再可爱的脸也会被刻上"消费男友"的标签，哪里还有一丁点动人的痕迹？

真正爱一个人，就会情不自禁地想要付出：想买礼物送给他，期待他收获惊喜时闪光的眼眸；设身处地地为他着想，想做一件让他真正开心的事。你付出的一切，他都会记在心里，然后发自内心地反馈。

意料之外的惊喜，似乎比讨来的好，更值得感动。

所以，付出比回报更令人快乐，更让人有成就感。

这种付出与回报在两个人之间相互交错，形成良性循环，才是经营爱情最好的方式，也是两者关系中最舒服的相处模式。

不过分消费对方、不攀比、不过分要求对方达到某个标准，或许才是感激爱人良久的付出最好的回报。

不强求对方做不愿做的事，多一些体谅和关心，或许才是对共度余生之人最好的付出。

"在最好的年纪遇到你，才算没有辜负自己"。

在仅有一次的生命里爱上你，才是最完美的人生。

{ 不要让你的 生活太粗糙 }

我把照片合影之类的东西都烧掉，电脑手机中的都删除，他用过的毛巾碗筷，睡过的床上用品，穿过的拖鞋和送我的礼物都打包，直接扔到楼下的垃圾桶。然后又是两个小时的大清洁，扫除了他在这个家里的所有痕迹——这是某一年的某一天，我决定和前任分手后做的事。

晚上我坐在茶餐厅的老位子上，看着他匆忙走来，就像初相见，只是这次要说的不是情话而是别语。求爱需要一个仪式，不然那是轻薄，分手也该有个仪式，不然那是逃避。我走出茶餐厅的时候拿出手机，删除了他最后一点信息。尽管这是个用电子邮件、短信微信、打个电话就可以说分手的时代，但我还是需要这样一个仪式，和我曾经的爱做正式告别，为他流完最后一滴眼泪，然后永不再见。

我对喝下午茶这件事珍爱有加，即便一个人去喝杯咖啡也会盛装出行，那是属于我的午后，每一次都值得笑颜相遇。如果是和闺蜜约会，一定提前定好位子还要早到，我还会感受下温度，选择室内外哪里小坐聊天更舒适。

我重视每一次的约会、聚会、公干，把出差也当成一次旅行，所以才拥有了微笑的心情，能看到美好的眼睛，能感受温柔的能力。我是一个需要仪式感生活的女子，失去了这些，人生不庄重，情感不认真，生活会粗糙，人心会脆弱。

中国古人是重视"仪式"的，抚琴需要先焚香，喝茶更是过程繁复却自得其乐的事，好像不做足全套功夫，琴就弹不好茶就喝不香。

仪式是一种纯净的行为，有些为了拜祭祈福，有些看起来似乎没有意义或是目的，就像一场令人心旷神怡的游戏，但能为当事人呈现出眼前的世界是活色生香的。不要忽略心灵的力量，这种所谓的仪式感其实就是在表达我们对生活的挚爱，对困境无声却极富韧性的抗争。

老外去听音乐会或是看演出，必是盛装到场隆重庄严。各种节日、纪念日、生日都要一一庆祝，孩子学校的活动不论大小家长都会到场，毕业典礼更是举家前往见证的好日子。

国内孩子毕业，从幼儿园到博士生，哪张毕业照里也不见家长的影子，学校缺失最重要的教养仪式。如今各种奇葩的毕业照层出不穷，却唯独不见有人穿学士服和父母合影，也就没人想起日渐老去的父母，为了子女的学业有过怎样的付出。

生活中充满了忙碌，大家都借口忙就忘记生日，忽略节日，淡漠亲情，应付友情。一个人吃饭就凑合街头垃圾食品忽略健康，两个人为了房子孩子就没有了值得纪念的日子，很多人住在外观高档的公寓里，房间内却乱到脚都插不进去，偌大的屋子没有一点生活的气息。

厨房中的餐具五花八门什么能装就留着什么，卧室的大床上铺着分不清颜色花纹的东西，餐桌闲置不用堆满杂物，一家人拿着不同的碗碟对着电视机吃饭。大家又都在抱怨工作不快乐，生活无聊，情感平淡，却又不会好好吃饭，没有一点情趣，对自己的粗糙视而不见。你匆忙赶路必会错过风景，你缺少敬畏必会麻木冷漠。

我爸妈很重视一日三餐，即便是在物资匮乏的年代，每餐必会打开炉火变着花样炒出精致小菜，以至于我的童年一直弥漫美食的甜香，从不知道苦是何物。中学离家很远，一年四季爸妈会双双早起为我准备早餐和午餐，他们在厨房里忙碌的身影就是他们的爱情，如此家常的场景却被爸妈演绎得像是一幅画，而且数十年如一日从未改变。

那时候我不用做任何家务，却并不妨碍长大后有了家庭孩子也能做得一手好菜让房间一尘不染。女儿问："你哪学的妈妈菜？"我说："心传。"

一日和女儿谈起爱情，她说："我不喜欢那些花哨的婚礼。"我说："那你也需要一个简单的婚礼，穿起婚纱走过红毯，我在红毯的这一边相送，他在红毯的那一边敞开怀抱，令人动容更令人尊重。"

女儿刚进初中时学校举办活动请家长参加，我远在万里之外也为了那一天赶到会场。没有几位家长到场，女儿却依偎在我的身边无比骄傲。我从不会错过女儿任何一件值得庆祝的事，也一定会送礼物满足她的要求。

我用行动告诉她生活极尽美好，现在我可以帮她拼脸，她必须靠自己拼到才华，将来才能得到她想要的生活。而在此之前，她要先学会自律和坚持，对生命和生活拥有敬意。

女友要换个收入前景都更好的工作，在辞职和不辞职之间纠结好久才做了决定，以至于新工作还没开始就已经觉得疲惫。我说："你请原来的同事吃顿散伙饭吧，做个正式点的告别。"深夜她带着酒意给我打来电话，散伙饭中原先的领导和下属对她工作能力都大加肯定，让她对去新公司更加自信，而且大家酒后吐真意，让自己觉得前面七年每一天的努力和付出都是值得的。

我放下电话，笑了。是的，没有比这种具备仪式感的离职更完美地选择了，正式结束才会正式开始。

或许有人觉得这样的仪式感有些矫情，做不到那么周到也没有关系。但只要你试着并且坚持着去做一点，日子就像是给咖啡加了块糖，雨天给自己画了个太阳。你的心灵灿烂了，你眼里的世界就大了。

{好的状态能给你带来更好的运气}

在资源有限的时候，不要忘记你就是最大的资源、最重要的因素。你的状态、方法、品质、信心，将决定一件事情的未来。

[1]

朋友今年毕业了，去了一个很不错的单位工作。

之前就听他说，老师非常喜欢他，极力希望他能够留校，但是他为了女朋友，毫不犹豫地选择了女友所在的城市。

老师忍痛割爱，说朋友是他这么多年来最满意的一个学生。师兄弟们非常羡慕他，羡慕他有好的运气，同时对于老师的偏心也有些小嫉妒。

去年夏天，我正好去朋友所在的城市出差。时间紧迫，恰逢他的导师请课题组老师和学生们等三十几个人吃饭，朋友就顺便把我也带上了。

吃饭间，朋友忙前忙后，帮老师张罗饭菜，替同学们安排座次。

整个饭桌上没吃几口菜，有几位老师临时有事，先行回家，也是朋友将这几位老师送出门口，扶着喝多酒的老师，给老师叫出租车。

整个晚上都是礼貌而周到，并且把现场的气氛调动得非常好，大家玩得都很欢乐，难得的放松和舒服。

饭后，我跟他说，我要是你的老师，我也会如此偏爱你。你为人豪爽大方，不拘小节，做事努力认真，学业优秀，礼貌踏实，一直给人一种放心的感觉，交往过的人几乎众口一词地夸赞你。

其实，你的同学、师兄弟们只是看到了老师的偏爱，没有看到原因。

比如，就在刚才，你在里里外外地帮助老师张罗，给喝多酒的老师打车，还要时刻照顾我的情绪，怕我因为陌生而不能放松下来。

可是除你之外的同学们却是在饭桌上谈笑风生，并没有表示礼貌和帮助。

朋友说，哪有所谓的好运气和偏爱，只不过是自己的努力没有被人看到。

他们只看到我跟同学出去吃饭喝酒，可是他们不知道即便是吃饭，我也在学习，我随时会抓住大家说话的有用的信息点放到自己的工作中，多少个夜晚睡不着觉想着科研实验该如何进行，才有了现在的顺利。

而你说的那些礼貌不过是做人的本能而已，做人不就是应该礼貌真诚吗？并不是老师偏爱我，我才顺利，而是因为自己的努力赢得了老师的偏爱而已。本质上，只有自己的优秀的素质才是自己最大的资源。

朋友的老师喜欢他，为他的不留校感到万般可惜，这不但是对其能力的肯定，更是对其高尚修养的肯定。

正是他本身所具有的这种素质，使得老师愿意成为他的贵人，愿意在事业上尽其所能地去帮助他。

个人的素质就是自己的名片，你所有的道德、品行、能力经过时间的验证都会刻在别人的心里，而他人是尊重你、喜爱你还是对你敬而远之，实际上都是看你这张名片是否体现了一定的价值。

[2]

个人价值不仅表现在顺境中的提升，在逆境中的增长才更能体现一个人的气度涵养。

同样是一个做科研工作的朋友，读书时他所在的团队的科研氛围却并不怎么乐观。

老师以先入为主的印象否定了他，之后任凭他再怎么努力和出色，老师仍对其有意见。

他告诉我，这是一个常人难以忍受的环境，面对着沉重的科研，迷茫的未来，再加上老师的不理解、挖苦，三年中，他承受了巨大的压力。

但是他没有抱怨，依旧努力踏实，发表了多篇高水平的文章，其中一篇高水平的文章是该团队十几年来最好的一篇。

他的性格、心理也因此被磨炼得更加沉稳、平和。

他说，经过了这三年残酷的训练，现在已经没有什么困难能够将他打败。

毕业时，他去了一所很好的高校工作，遇到的老师对他非常欣赏和信任。我取笑他，你终于转运了。

其实我心里知道，是他自己成就了自己。

他在困难中坚持住了原则，始终将磨难转化为自身成长的动力，并不断地调整自己的适应能力，心态变得越来越好，看待事物越来越客观，为人更加谦和，人格更加完善，个人的整体素质提升了一大截。

是他自身的优秀，自己的价值吸引了同样优秀的人，使得自己被他人欣赏、赏识。最终，这笔磨难也变成了财富。

使一种交往具有品质的不是交往本身，而是双方各自的素质。没有人愿意去认可、信任一个没有素质、没有价值的人，除非对方也是一个没有素质、没有价值的人。

质量高的交往中，交往者双方必定都有优秀的。

因此，最重要的是使得自己变得优秀，才能配得上有价值的良师益友，同样，使得自己变得有价值，才是自己最好的资源。

[3]

前段时间看《老炮》的采访节目，冯小刚对吴亦凡的赞美引起了我的注意。冯小刚作为导演界的大腕，一向要求严格，想得到他的表扬不太容易。

而他曾不止一次地夸奖吴亦凡，是吴亦凡改变了他对小鲜肉的看法。

冯小刚说："吴亦凡有时候是很羞涩的一个人，甚至某些方面非常传统，他每次在休息室见到长辈，譬如我、张涵予、导演，他都会站起来，非常有礼貌。"

他坦言，过去没接触过这批年轻偶像，心里头还想过是不是现在的年轻人"眼里头谁都没有"，但跟吴亦凡合作后，这个想法便彻底改变了。

在录制《有戏》的现场更是赞美他："眼里有人，心里有戏。"

一次活动，冯小刚上台对成龙喊话，对吴亦凡签约到耀莱成龙影视集团表示恭祝，说这是一件大好事，希望成龙多提携他。

也许吴亦凡的演技还不是那么出色，但是他却有着年轻人的谦虚、踏实、礼貌且好学的精神。

正是这些优秀的品质使得冯导对这位年轻人刮目相看，欣赏夸赞并乐于给别人传递对他的这份喜爱。

银幕上总有层出不穷的明星，但也有好多人的光亮是转瞬即逝的。

任何投机取巧，仅仅靠运气就想获取成功的人最终被证明这样的想法也不过是泡沫而已。

我们都有这样的感觉，一个人格完善、素质优秀的人容易给人如沐春风般的舒适、欣喜和信任，而我们也愿意把这份舒适、欣喜、信任告知他人，把他推荐给值得拥有这份信任的人，于是他的资源便流动了起来，这就是你若盛开，蝴蝶自来的道理。

德艺双馨，这不仅是搞艺术的人应该拥有的素质。

搞管理的需要领导才能和高贵品质，做技术的需要技术精湛和良好修养，做学术的同样需要科学精神和高尚人格。无论做哪一行，只有自身素质提高了，自己变得优秀了，才能走得更远。

我们身边或许有这样的人，我们认为他无论做什么工作，去哪里发展，都会做出成绩。

我们之所以这么认为，并不是这个人有多么开阔的眼界，多么强大的人际关系和社会资源，而是我们确信他拥有着具备做好一件事情的素质和精神，我们对其充满信心。

对于外力资源本就匮乏的人来说，唯一能做的，就是把自己本身的具有的素质发挥完全，投注到做一件事情上，认真、踏实地去做，做到最好，做到极致，以此来增加自身的价值。

等到你自身足够优秀，你想要的资源也就到来了。

{ 记住，面前的人 比你的手机要重要 }

[1]

昨天跟老公怒了。

晚饭后我跟他说：朋友M结婚，咱俩一起去吧，周日中午十一点，在××酒店。

他看着手机，嗯了一声。

我说咱们开车还是打车去？

他茫然抬头，看了我半分钟，问：干啥去？

我又说一遍：M结婚，在××酒店，周日中午十一点。

我这边说着，他那边又看上手机了。

我说：可能要喝点酒，要不打车去吧？

他再次茫然抬起头：去哪儿？

我又说，××酒店。

他又问，哪天？

我忍无可忍，终于怒了，声音提了八个调门：周日中午！××酒店！你到底能不能放下手机听我说话！

他也很生气，反过来责怪我：吼什么啊，好好说话不行吗？

——几乎一模一样的剧情，这大概已经是第八百次上演了。

每次都是我说话时他看手机，我说完他完全没知觉，然后我要把一件事说十八遍。

而我还不能生气。因为人家根本不晓得发生了什么，会觉得你无故发火好无理，他无端受气好无辜。

啊。这种人难道不需要入院治疗吗？

[2]

专家说，手机已经成为影响夫妻关系的第一大杀手。新闻里也多次报道小两口因为一方老玩手机最后离婚的案例。

我越来越有体会。

当手机深度介入一个人的生活，且不说闲聊散步、带孩子做家务的时间被挤掉，连说个正事都要一遍遍强调，要瞄准对方放下手机时见缝插针抓紧说，要耳提面命追问"你在听我说话吗？""我刚才说的是什么？"

很多时候，你说话，他玩手机，嗯嗯啊啊地应着，好像对答如流，但回头你再问，他一点印象没有，根本没走心。——说走心是强求了，连大脑皮层都没走。

何其恼人。

过去人们说，再好的婚姻，一生中也有50次掐死对方的冲动。这话现在可以升级一下了：再好的夫妻，一年里也有50次一把火烧了对方手机的冲动。

[3]

当然，手机影响的还不止夫妻关系。

有次我从网上给孩子买了个推车，楼下的阿姨见了，很喜欢，详细问了我推车的品牌和卖家店铺的名字，想给孙子也买个。

几天后我问她买了没，她摇头说不知道。"那天回去就跟儿子说了，他在那玩手机，也不知听没听到，估计是没有。唉，一天到晚玩手机，你说啥都是耳旁风。"

这是当妈的。有不满，但尚且能忍。

换作领导你试试。

前几天朋友说她辞退了一个下属，因为那个熊孩子开会时老玩手机。

"以前不止他一个，"朋友说，"一周就开一次会，一堆要紧事，我苦口婆心说，底下一半人都拿着手机在那看，特窝火，有时真想凑到他们眼前问'你到底有没有在听我说话！'后来我严格要求开会不准带手机。大部分人都做到了，就那熊孩子，偷偷把手机放记录本下面，一直低着头看，脸上还不时露出迷之微笑，说了两次还不改，是可忍孰不可忍，干脆辞了。"

不知"熊孩子"有没有觉得自己玩个手机就被炒鱿鱼很委屈，反正我是很理解朋友的心情：咱不是话痨不是怨妇，在跟你进行必要的交流，我费劲巴力说半天，你一个字没听耳朵里，拜托你是在浪费我的生命好吗？

各位，也许你也常在开会时玩手机，当然并没有被辞退，但领导很有可能已经对你心生不满了。

而如果你是领导，也要知道，下属跟你汇报工作时，你一直盯着手机看，他不确定你的注意力在不在他身上，心里同样会很别扭。

[4]

真的，没有一个人喜欢自己说的话被无视，不管是爱人、亲友还是老板、下属。

我认认真真敞开心扉，思考着逻辑拿捏着分寸，跟你说着正经事，而你充耳不闻，玩着手机只当我的话是背景音乐，哪里有一点尊重？

如果你确实忙，比如正通过微信跟领导谈工作，那么完全可以在别人开口时告诉人家：抱歉，我这正忙，你十分钟后再说好吗？

或者也许你一直忙，不确定什么时候有空，那就跟别人约定好："我实在抽不出时间听你说话，等忙完我找你吧。"这也行。

总之不能稀里马虎、心不在焉，让别人空耗唇舌，浪费时间精力，对你做着无用功。

认真听别人说话，是最基本的修养。

[5]

我知道手机里的世界很精彩，可你面前的我其实更重要。

所以，我说话的时候，你能不能放下手机，先听我说？

{ 精致生活
从平常琐碎开始 }

[1]

作为一名精致生活倡导者，我经常遭到质疑，觉得精致就是有钱人的事。

我最近买了一个日和手帖的围裙，将近300块钱，前面有两个设计精巧的隐形大口袋，两根长长的带子从后面绕过来，系在腰间，使它成了一个显腰线的围裙。最重要的是它的材质，偏粗糙厚实的棉布，这种布，越洗越软，越洗越柔，就像一个经得起岁月磨砺的女人。

朋友对这条围裙爱不释手，得知价格后，却半开玩笑半认真地说，你这个有钱女人。

我指出她刚花一万多块钱买了一个包。

她立刻跟我解释，一万多块钱的包，可以带来多少利益。你拎着它，感觉自己就是个成功女人，心气儿不一样了；碰到高帅富的时候，你不怯场，说不定他会爱上你；你拎着这只包出去谈业务，可信度高，包就是你的身份，能买得起这种包的年轻女孩，要么是富二代，要么自己很努力。

而花二百多块钱买一条围裙算什么，能穿出去吗？能谈业务吗？能显示身份吗？对她来说，它的价值跟买金龙鱼玉米油送的那只塑料围裙是一样的。

"所以，能花一万多块钱买包的，不一定是富人，肯花三百块钱买围裙的，就是有钱人。"这是她的结论。

2

武汉有条著名的汉正街，早年在这条街上做批发的人，随便一块砖头砸下来，就能砸中一个资产千万的。

我曾经去汉正街的一个大款朋友家吃饭，他们家用的盘子都是不锈钢的，理由是耐用，不怕摔，不沾油，好洗，当然，价格也相对便宜。然而，无论是绿的丝瓜还是红的虾球，装进这样的盘子，都是食堂菜的模样。

朋友知道我对器皿挑剔，悄悄说："我家算好的，我们对门那家，用的碗盘没一个是圆的，都是在瓷器批发市场买的残次品，他家比我家还有钱呢。我们是有钱，但你有时间，这就是区别。"

追求精致生活的人，总会给自己找到很多理由；同样，生活得不够精致的人，也会给自己找理由。有人说我钱不够，有人说我时间不够，然而在我看来，他们什么都有，只是对于美，疏离得太久，对于生活，关注得太少，他们的梦想已经超过了能力，精致却远远配不上收入。

对于美，对于生活，如果你认真对待，好好追求，是会上瘾的。

办公室的女孩都是每天中午自带便当。

一个90后的姑娘，买了一个德国产的便当盒，其他小伙伴，都是随便去超市买的十几二十块钱的饭盒。饭菜用微波炉热过，放在桌上，她的显得特别好吃。洗饭盒的时候，其他人随便洗一下，湿淋淋地扔在一边，而她总是认真把餐盒的每个角落洗净抹干，竖在桌子上，通风两个小时以后，再收起来。

这个几百块钱的饭盒，无意中提高了她的生活品质，让她看上去是一个精致、从容的姑娘。

当然有人觉得把钱花在便当盒上是奢侈，但说来说去，也不过就一件衣服钱。如今谁的衣橱里少件衣服？但还是有更多的姑娘，宁愿把钱花在多买两件也许很快就会过时的衣服上，也不愿意买一个自己每天要抚摸、接触、把美味菜肴装进去、上班下班带着它的饭盒。

给别人看的一定要好，自己用的可以随便，所谓把钱花在刀刃上，其实就是一种穷人思维。

精致生活的确是一种奢侈，却又与买游轮、豪车、爱马仕包的奢侈不同，在当下的生活水准下，它是大多数人可以消费得起的奢侈。

[4]

既然朋友说了那么多名包带给她的好处，我也不能不说说围裙，以及我家那些在她看来"贵得要命"的笔、本子、台灯、天然海绵浴球、印花餐巾纸的作用。

什么叫生活品质的提高？最初级的阶段是吃菜的人终于能吃肉了，这个阶段过后，生活品质无非体现在生活细节上，是生活细节的审美与精致，让我们觉得活着有价值、有尊严，自己值得被好好对待。

而日常用品，是设计感让它们超越自己本身的价值，提供给使用它的人更多愉悦。

其次，越是别人看不到的东西，越是我们自己的，是将我们与他人区分开来的标志。

我曾经在北京无用生活空间买了一条古法织造的棉布围巾，用的是可以买一条欧美大牌围巾的价格。因为是纯棉织造，没有任何化学加工，很容易显旧。因此很快被朋友们嘲笑，不如去买条GUCCI，你这谁知道啊，连Logo都没有，还以为是地摊货呢。

可是，我需要谁来知道呢？当棉纱带着秋日田野里棉花的气息环绕着我的脖颈，围巾边缘刺绣的那个黄豆大小的"隐"字，伸出小爪挠我的下巴时，我觉得它满足了我对一条围巾的所有梦想。

两年前，我买了它，两年后，经过水洗日晒，它变得更白更软，我想要的围巾是可以泡在清水里，挂在阳光下的，而不是送去干洗店，套在塑料袋里。

[5]

松浦弥太郎在《100个基本》里强调，为体验花钱，就是为自己投资。

而体验是极其私人化的。如果说一个价值几万元的包，是为了加深公众对你的印象，一本几百块钱的手账，则是为了加深你对生活的认识。

当你的家，手到之处的物件，精细、精致、带有设计师的灵魂，以及他们对于生活细节最深刻的理解，你就很难随随便便吃个饭，邋邋遢遢地斜躺在沙发上玩手机，你甚至觉得生气、厌世都让人难为情，只有好好活着，才可以看到那么多美好的设计，摸到情人大腿般细腻的纸张，只有乐观、积极、上进、健康的你，才配得上你所拥有的生活。

{ 做一个 有见识的父母 }

[1]

在西班牙旅行的时候，碰到一对中国父子。父亲因为到欧洲出差，带着孩子一路游历欧洲城市，在巴塞罗那，然后又去巴黎。

他的父亲研究生毕业之后，赴国外工作，若干年后回国内的一个大型企业工作。你可以感受到他身上的那种平和和从容，见过外面的世界，也知礼节。

孩子很开心，在高迪建筑的展览馆出来之后，他的父亲说："我觉得今天2小时的参观，收获并不会比学校里一学期的艺术课少。虽然我们请了假，但我们行万里路，都是知识。"

这是我第一次听到有父亲这样赞叹多元化培养的妥当。

吃饭的时候，他说了一段话，让我印象深刻，他说：

"我总觉得，我们那一代人，是有贫穷基因的，没有良好的物质条件，也没出去见过世面。这样的基因，是囿于自身以及上一代人的局限。所以，一直到成年之后，都会有一种对生活的不安全，希望拼命赚钱，希望出人头地，拼命地用物质装点自己。而我希望，下一代人，不会是这样。"

所以，他尽可能多地让孩子去看外面的世界，见外面的人。

他的孩子今年十岁，衣着朴实，会坐长途巴士去巴黎，也可以与人用英语流利地交谈，低调而内敛。

见到这对父子，让我想起一句话：父母见过世面，对孩子真的很重要。

[2]

有见识的父母，不等同于有钱的父母。他们往往具备的是：非常努力，也非常勤奋，有以此拼搏而来的经济基础，有后天他人和自我养成的教养，最重要的，是拥有对万事万物的平和。

他们让孩子知道，一个人非常努力，是可以有机会成功的；一个人不应该囿于江湖，而是应该走南闯北；一个人不需要为了物质而束缚自己，有更广阔的天空可以去走。

所以，父母见过世面的孩子，更容易对物质保持一种天然的宁静，对欲望有天生的收敛，对精神有无限的渴求。

因为他们从小不缺少物质，所以，不需要用买买买来满足自己；因为从小被不断地满足，所以没有那么一刻会因为得到而炫耀；因为他们走过大山大水，所以不会局限于眼前的一切。

[3]

我的一个朋友，我们喜欢叫他小宁，现在已经是企业的高管，比我大不了几岁，他的身上，永远藏着两个字"见识"。

他一直到年收入80万的时候，依然开着一辆20万不到的车子；他聚餐的时候常常一身运动服，休闲得丝毫不像是领导；他也会去路边烧烤摊吃串串，和我们大快朵颐。他有很多朋友，在他眼里，只有值得信赖和不值得信赖的朋友，没有所谓的穷朋友和富朋友。

有一次，我们几个朋友坐在他的车上，有一个朋友问，你怎么不换一辆车，实在太配不上你的身份了。

他笑了笑，问他，身份是什么？你可以告诉我吗？

那个朋友说，身份就是，你现在好歹也应该算是个高管，好歹开一辆40万左右的车子啊。

他打趣着说，果然，我要更努力才是。因为，我看上去还需要用一辆车来装饰。

他的父亲曾经也是一个国营企业的小领导。

他说，

他的父亲非常刻苦，因为"文革"，只有初中毕业，后来恢复高考后，立刻去考大学。

他的父亲喜欢读书和打拼，于是，他小时候，总是看到父亲一个人在台灯下看书，也不知道看书的父亲几点才入睡。父亲后来成了小领导，没有任何背景的他，成了一家人的骄傲。

衣食自然无缺，小宁说，那时，带给他的并不仅仅是物质的满足，而是他通过父亲，坚定地觉得，自己的努力是可以改变命运的。

除此之外，他的父亲最大的特点，就是总带他去游山玩水。以前外出出差，总是会带着他，给他和老师请几天假，然后会和单位多请假一天，开完会之后，带他去游玩。小宁说，那些年的日子，他比别的孩子幸福的，不是有没有钱，而是发现自己走过了大山大水，变得开朗和从容。

"或许，我觉得物质可以满足我，但并不是最能满足我的，对于我来说，也不是那么重要。"

"到现在，我自己成了孩子的父亲，我父亲还是告诉我，作为父亲，一定要足够努力，给孩子优渥的环境，并且让孩子知道通过努力，可以得到想要的一切；一定要给孩子广阔的天地，而不是永远读书不去走路。"小宁说，可能他们家境并不是最优质的，但他自始至终仍然抱有谢意，因为父母让他知道，从容地对待物质，努力地面对生活。

[4]

所以，我现在尽可能地让自己保持一种向上的姿态，我也很希望成为一个有见识的母亲，在孩子眼中，是勤奋的，努力的，热爱生活的，是可以不需要为万事万物所动，也不需要为任何事折腰，是有安全感的。

这样，让自己的女儿，也尽可能更好地面对未来的自己，不恐慌也不急躁。

我们所谓富养，其实更地的停留在物质上，是在极限的位置去拼命投食自己的孩子，这样的结果，可能会让孩子有一种感觉是，这个世界所有好的一切，都应该是我的。

而真正的富养，是一种言传身教，让孩子在成长中，慢慢形成自身的价值观，可以对物质有不动声色的淡定。而父母就扮演了这个传递者的角色。

[5]

我很喜欢一句话是，父母是孩子的终身相伴者。他算不上导师，而是风雨前行的那个人。作为父母，和孩子走一路的时候，必须跑得非常努力，这样，孩子也会努力跟上你的脚步。

成为一个有见识的父母，让孩子懂得努力的意义，让孩子知道未来的宽阔，让孩子明白世界的广袤，或许就真的会有平和的生活气息和生机勃勃的勇气。

{ 有时自私一点
是好事 }

晓雨失恋了，跑来和我哭诉，她告诉我原因是她男朋友"劈腿"了一个"绿茶婊"，我问她：那你要分手吗？她嗫嚅了半天，说了一句快气死我的话：我都行吧，看他。

我内心的愤怒已经脱缰了，犹如滔滔黄河水，别问原因，因为我无法阻挡。

我又问晓雨：你真的这么想？然后她一脸懵懂的样子：啊？那该怎样。

看着她一脸懵懂，目光呆滞的样子，我一肚子气都没处出。

缓了缓我问她：那个女孩子是什么样子的？

她像是缓过神来想了半天才开始形容：长得一般，可是很会撒娇，还会耍脾气，可是我对他连拒绝都不敢。

我翻翻白眼，你还知道你自己是什么熊样啊！

晓雨和阿旭在一起的时候我们身边的朋友是都知道的，当时大家还在诧异，安静的晓雨只会羞涩地笑，从来不拒绝别人；而阿旭也是个文质彬彬的男孩子，是小我们一届的学弟，不知道两个人怎么就看对眼了。在大家还没反应过来就在一起了。

于是晓雨就开启了二十四孝好女友的模式，风雨无阻，阿旭有求必应，连我们这些在一起超过5年的朋友，都抵不上阿旭一句话，当时我还为此痛斥过：晓雨你个重色轻友的家伙，你跟那个小屁孩才认识1年，1年，就把我们都抛脑后去了。那个时候她就憨憨地笑，然后带着江南软糯的口音：那是阿旭啊。

那个时候她是有主见的，她的主见是阿旭最重要。

可是后来年轻的男孩子更容易被哪些无法征服的，倔强的，有个性的东西所吸引，那个女孩其实挺像晓雨的，可是唯一不同的是，那个女孩活在自己的世界，晓雨和阿旭分手后我在一次聚会上见过那个女孩子，有自己的想法，却不是晓雨说的耍脾气，她只是更懂得要如何满足自己的需求。

晓雨和阿旭在一起的时候，无论什么时候只要阿旭约晓雨，晓雨无论是否提前和别人有约，都会推掉，跑去就着阿旭，我想如果是我时间久了，我也会烦。

我说晓雨，你就像个小狗，主人想起来了逗你一下，想不起来了你就自己玩，你从来不会叫。在这段感情里，你不是你，你只是阿旭的附属品，阿旭看到了新鲜的东西就会忘记你，因为无论如何你都是可以的，所以他就觉得你其实是无所谓的。

晓雨呆呆地想了很久，我想她需要时间去消化。

在一段恋爱关系里，你失去了自我，你就是个寄生虫，没有人会喜欢寄生虫。总有一天会有人想除掉你。

在工作上也是如此。

我记得之前我在应聘一家国际教育集团的时候，自我感觉良好地顺利通过了前面的笔试和面试，在第三轮面试的时候无领导小组讨论，当时的题目是根据当前的市场环境，针对公司某一个产品，策划一场大型的具有品牌传播效果的活动。

这个时候每个人的特质就显现出来了，我当时还在想我要谦虚，厚积薄发，慢慢来，我好好做我的配合也是ok的，团队嘛，需要各式各样的人来凝结在一起，我就做好我的那个小螺丝，于是我就做了一个辅助的角色。小组讨论结束后我默默地把整理的内容给到主发言人那里，在这期间没有发表任何看法。

我自信满满地等待HR的电话通知合Offer，可是收到的邮件是一封歉意的邮件，我很疑惑，打电话过去，HR被我磨了好久才告诉我，我最后无领导小组的得分是不及格的，我问为什么，她告诉我：就是因为我没有发表过自己的见解。

我当时是懵的，后来我才知道，无论一个企业的哪个岗位多么需要你勤勤恳恳地任劳任怨地工作，无论这个公司实际上是怎么样，无论你的工作是否会用到你的想法，你都要表达出来。因为企业需要不同的想法碰撞，头脑风暴是要你说出来的，不是闷在心里，企业需要你的想法，这是一种资产，哪怕最后这个想法没有用。

我现在的领导和我说过一句我比较认可的话：公司请大家来不是在买你的时间，而是在买你的思考，哪怕是错的。所以大家有任何关于工作内容的想法都要说出来。

而从工作的人际关系上来说，你说出你的想法，哪怕是不满，在一定程度上也是你的一种想法和态度，有一句谚语叫作：会哭的孩子有奶吃。

你的需求对方只有知道才有可能帮你实现，哪怕没有得到回应，你也要去表达，因为不表达就永远没有人会满足你。

有个很好的例子，我们公司有一个大神级别的人物，任何不满都会说出来，当然他的级别也比较高，但级别不高的朋友们在表达的时候一定要注意表达方式，不要带有情绪，就事论事是最好的方式。

因为这位大神的需求的表达，所以我们常常会以他的需求为先，而忽略了与他同级别的另一位不太表达需求的老大的需求，常常是先征求大神的意见才会去考虑另一位。

工作上很好的一点是你不表达不会影响别人，不会让工作变化，因为总有人会做，你搭便车还算顺利，但是回到我们日常生活和朋友相处就是另外一个样子了。

我是一个有想法会适当表达的人，但我身边有一个人却是个"随便"的人，为此我和朋友们都很苦恼。每一次的集体活动，在前期征求建议的时候，她永远是"随便"的反馈，没有想法，其余的人主导的集体活动还是ok的，但是因为我们是轮流制度的，所以每次到她主导的那次活动就显得很难。

吃什么都可以啊，没有想法，没有备选项目，于是大家在群里甩各种链接，各种推荐，等到需要她来做主导权利，去决定的时候，就蒙了。我们三个常常叹息，后来就开始不给她主导权了，也不会再征求她的建议，定了直接告诉她就可以了，因为你得不到信息的交流和反馈。

我们甚至发生过一次大家定了时间地点的集体活动，可是当天她没有出现，打电话过去，结果因为我们是临时的行动，她没有看到微信，而我们也忘记了她的确认。

其实这种"万事ok人"比那种我都OK，但是等你都定了所有的方案和计划之后再提需求的人还是要好得多的，因为他们的需求就是没需求。

如果要分析这种"老好人"万事OK的性格，一定会有人说这与原生家庭有关啊，我们抛开它的原因，说说该如何改变它。

首先是一定要发出声音，说出你自己的真实的感受，大胆地说，哪怕它是错的，不需要长篇大论，哪怕只有一句，那也是你的想法。

逐渐在这个过程中，随着想法的增加，随着表达的流畅，再有条理地进行表达，但不要超过5条，最好是3条，超过5条你的需求就没有重点了。等于没有说。

最重要的是不要怕被反复的拒绝。对方拒绝你一次你退缩了，对方会觉得你的需求不是刚需，对于你自己来说重要的需求，刚需一定要反复地提，在合适的时间不断地强化，让对方明确你的迫切。

如果要让我告诉你要提出什么需求。

我只能告诉你：自私一点，想想你自己怎样才最舒服，怎样才能让自己过得更好。

不要别人再拒绝的时候说：你什么都好。请自私一点，说出你的需求。

别看不起读书

[1]

一个我曾教过的学生找我诉苦说，大学毕业三年，依然过着无聊的生活，做着底层工作，拿着最低工资，住在没有窗户的出租屋，不敢逛街，不敢旅游，甚至过年过节都不敢回家，因为没有钱买车票，更没有钱孝敬父母。他说，不明白当初为什么要选择读书，根本没什么用。

他生于农村，父母都是典型的农民。为了供他读书，父母借了许多外债，两个妹妹初中没毕业就辍学打工。他带着全家人的期望，考入了一所不入流的大学。

本想着，毕业后，能帮家里偿还债务，给两个妹妹存点嫁妆钱，再去城里买套房，让全家人好好享受他这个读书人给家里带来的福利。

可似乎现实远比理想残酷，毕业后，他发现，身边的同学，家境好的要么进了家族企业，要么去了国家单位，有的甚至开始国内国外游；家境一般的，都在小公司或小单位，拿着一两千的工资，过要死不活的生活。没有鲜花烈马，更没有颠倒红尘，有的是收拾不完的一地鸡毛和糟心事。

他说，当年相信读书能改变命运，根本就是个错误。自己现在顶多算个高级农民工，甚至工资还不比农民工高。这辈子，无论多努力，都不可能与富人平起平坐，这个社会，根本没有公平可言。

那些富人家的孩子，在起跑线上就已经甩贫寒家庭孩子十八条街，他们一毕业，就过着自己想要的生活，而穷孩子不管多努力依然在生存线上挣扎，救不了自己，更无从谈福荫父母兄妹。

我明显能感觉他情绪激动，安抚了他几句。

他继续说，考上大学的第二天，父母就在家置办了酒席，邀请全村老小来他家吃饭，见证全村第一个大学生。那一刻，他感觉自己是父母的骄傲，在心底默默发誓，一定要混出个人样来，让父母不再低声下气地找人借钱，不再双手皲裂地在风里雨里干活，不再羡慕别人家有吃不完的食粮。

没想到，都毕业三年了，他努力乐观，积极勇敢，却依然连自己都养不好。都说读书就能改变命运，可我们大部分穷人家的孩子，却依然只能过底层生活。

他像一只迷失在森林中的柔弱小动物，对家人有愧，对现实无力，对自己愤怒，看不清方向，也找不到归宿。

[2]

他说完这些话之后，我想到我朋友大树的故事。

大树也是农村人，而且是农村中集贫穷与不幸于一身的男孩。很小的时候，大树就失去了父亲，在他的记忆中，父亲就是家里土墙上挂着的黑白照片，模糊而陌生。

大树是母亲一个人拉扯大的，跟他一起长大的还有两个姐姐，大姐在他12岁那年，掉入水库中淹死了，二姐虽然活着，但却疯疯癫癫，成天在村里东窜西走，只在晚上睡觉的时候能见着她。

大树成了母亲活下去唯一的希望，他被母亲视为宝贝，精心呵护着长大成人，让他跟着同村的孩子上小学、初中直至高中。

大树知道，母亲供他读书的钱都是她去最危险的煤窑一箩筐一箩筐背出来的，那是用命和血汗换来的钱，大树不敢辜负，年年月月与书本死磕，高考虽然没能考入重点大学，但也算是入了大学的门。

大树为人腼腆，不善与人交际，大学选的专业是计算机。在校期间，他是班上唯一一个出全勤的人，也是唯一一个逢比赛必参加且必拿奖的人。

大学毕业，他选择去了深圳。在深圳求职的那段时间，因为毕业于非名牌非重点大学，且无经验，无亮点，他被无数家公司以各种名义拒绝，直到三个月后，才在一家小微型企业拿到offer，工资800，包住不包吃，有同学调侃他，在深圳就拿这么点工资，比实习工资都低，还不如去做快递员呢。

他嘿嘿傻笑，不反驳也不解释，只说，在深圳这样的沿海城市，有个地方愿意免费收留自己，还发生活费就很满足了。

再听到他的消息，是五年后，听说他的工资已经由当年的800涨到了15000，他还清了上学期间借贷的所有款项，还分期付款在深圳买了一套小居室，面积不大，但足够他把母亲接过来同住。

有人问他是怎么做到的，他说，五年间，他几乎全年无休，无论是在单位还是在家，无论是吃饭还是会友，甚至是在睡梦中，他脑子里想的永远都是计算机编程。他两个从小一块长大的兄弟去找他，在他家留宿的当晚，三人在灯下对酌的时候，大树就时常冷不丁地将话题引向编程，那副痴迷样，成了兄弟群里调侃不完的话题。

[3]

读书无用论的调调，从我读小学那会开始，就甚嚣尘上了。

记得那时，身边年纪稍长的亲戚和半大孩子，都兴高采烈地往广东跑，过年时，又如归乡的候鸟一般，衣锦还乡。一夜间，家乡人似乎开了窍，打通了任督二脉，找到了通往幸福的大门。广东成了农村人眼中遍地是黄金的宝地，只要能出去，只要能赚回来钱，就是成功人士。

工厂打工毕竟技术含量不高，渐渐成了稀松平常的事。后来，到我高中毕业那会，大学扩招，农村孩子也多了上大学的机会，只是，大学学费贵，一个大学生就是一笔巨额债务。等我们毕了业，准备找工作的时候才发现，作为世界加工厂的中国社会，创新根本没市场，农村人花巨额资金供出来的大学生，所能得到的劳动报酬还不如技术工人，根本无法在短时间内偿还债务。

于是，有更多的人认为，本科生太多，竞争没有优势，纷纷报考研究生。现如今，研究生也成了重灾区，随手一抓一大把。毕业出来后发现，情况并不比本科毕业好，照例是僧多粥少。

似乎，读书除了增加家庭负担外，还真是没什么用。

[4]

李宫俊在他的《李宫俊的诗》中说：不是读书没用，是你读书没用，主要是你没用。

深以为然。

我出生在20世纪80年代的农村，作为家里5个孩子中的老大，按理说，我的命运应该跟许多农村的女孩一样，读完初中，随后在亲人关照下，进厂打工。二十岁出头，再回到农村，找个年纪相当的农村男人嫁了，生孩子，并在日复一日操劳家务和照看家人的日常中了此一生。在人生最后的时光，回忆往事时，会想，这辈子去过最远的地方是曾经打工的工厂，这辈子能想到最美好的事是孩子有出息。

现实是，我那认为"万般皆下品唯有读书高"的父母，不仅让我读了高中，还让我上了大学。读书对我来说，是彻底地改变了命运。毕业十年，我在沿海城市工作生活，月薪过万，有车有房，老公是自己挑的大学校友，感情甚笃。

小学至初中，我上的都是极其普通的学校，遇到过通过罚学生钱来购买生活用品的老师，见识过，满校园调戏女同学的小混混，更目睹过，一群人持刀追着另一群人砍杀。

高中后，身边的混混突然就消失了，所有的同学几乎都礼貌有加，见着面了，笑意盈盈，没有谁看谁眼神不对就上去厮打的，风清气正，一片祥和。

上了大学，身边接触的人，不是数学才子，就是计算机牛人，学校组织各类精彩的校内外活动，让我明白，大学除了读书，还有许多种玩法，比如组乐队出唱片、旅游、学摄影、跳拉丁舞、写字出书，大学的他们在各自的世界里追逐梦想，闪闪发光。

其实，认真细想，寒门子弟读完大学，刚出来工作的那几年，因为没有可供交换的资本，更无爹可拼，自然是从市场上换不来想要的真金白银。

以我毕业十年的阅历来看，那些虽然出身不好，但愿意花时间，在一个行业稳扎稳打地精耕细作的人，毕业十年，基本能过上自己想要的生活。

而且，持所谓读书无用论的人，大部分搞错了一个概念，他们所认为的读书，仅仅指的是读大学，而真正意义上的读书，应该是学习知识。

大学只是一个门槛，一个敲门的棒槌，让你有个被更多人看见的凭证。而那个真正给你带来经济效益和回馈的能力，却是来自于终身不断地学习和积累，学习知识能让你长见识，开阔视野，改变思维方式。

读大学不一定能改变命运，但知识或许可以。

{ # 细节能让你
闪闪发光 }

一个值得你深交的朋友，就是家人，就是兄弟姐妹，就是不需要理由、不需要维护关系、不需要在同个方向奔跑的你，我们也毫无保留地支持彼此。

你把你最光辉最耀眼的成就和他分享，他不会有半点嫉妒；

你把你最惨淡最落魄的光景向他倾诉，他的眼底全是泪花。

[1]

炉叔昨天收到后台留言，一位读者讲述了自己的苦恼。

她说自己去年刚进的新公司，初来乍到没什么熟人，同事里有一位热心的姐姐对自己工作提供了不少帮助，因此感激涕零，认定她为这个城市最值得深交的朋友，自己一直真诚相待。但上周发生的一件小事改变了她的想法，那天大家午休时她没睡着，断断续续听见这位同事在外面走廊打电话。

"怎么又摔了，现在医药费有多贵你们知道吗，几千几千的一下子就没了！"……

"我最近特别忙，哪里有空回家，你们忙不过来就找护工吧！"……

"哦既然有钱还打什么电话，那我就不管了，我这还有事呢！"……

等她气冲冲挂完电话，我小心翼翼地问她家里怎么样。

同事竟然风轻云淡地来了一句"没什么，我爸摔倒住院了，真是烦死了，他们这点小事都要和我说。"

读者说，她非常诧异，这位她一直觉得人很好值得深交的朋友竟然在得知父亲住院后没有着急询问父亲的身体状况，没有关心家里人现在焦灼的状态，甚至都不愿意坐两个小时的车回家看一眼，明明第二天就是周末……所以，她现在自觉地疏远了与这位朋友的联系，她问炉叔，这样做对吗？

炉叔认为，她做得很好，一个人值不值得深交是可以从细节体现出来的，比如打电话的态度语气和对话内容能清楚地反映出这个人对父母的态度，而孝顺的品行难道不是判断一个朋友是否值得深交最基础的标准吗？

因为有孝心的人懂得感恩，懂得回报。

这种朋友现在把家人摔倒住院视为无关紧要的小事，以后也可能随时会出卖你，甚至在危急时刻背后捅你一刀，这种朋友确实不值得深交，有远离的必要。

[2]

身边有个朋友因为暴饮暴食长胖了不少，一门心思求瘦身。看了不少科学介绍然而还是云里雾里，感觉很多文章虽然讲究科学道理但是有些晦涩难懂，缺乏具体通俗的指导。

直到有一天小学同学聚会，发现一位久未联系的小学同学自己开了健身房并且在做私教，赶忙向他请教有氧运动和无氧运动，他生动形象地一通解释竟让我朋友茅塞顿开。

他有一句话总结得特别好，我们体育运动时，脂肪君和肌肉君其实在互相打架，是一个你强我弱的过程。

你们看，这么生动易懂的科学解释一下子就把问题说清楚了，不刻意炫耀健身方面的专业术语。当时炉叔对他真是佩服得五体投地，后来也越加发现他在生活其他方面的优秀闪光之处。心里不止一次地感叹，这样的人值得深交！

炉叔平时在生活中也有接触到一些很聪明很厉害的人，很多都在自己的专业领域有深入的研究，而这些人的共同特点是在解释专业问题时刻意选用简单的语言，会刻意避免使用别人可能听不懂的大词、黑话和专业用语。

这至少说明说话的人懂得换位思考，能够从对方角度分析和评价自己的表达，这既是对于知识的学习具有评估能力的体现，也是照顾不同群体、放低自己姿态真正做到谦虚的表现。

其实我们经常能在知乎等网络社区，看到一些专业人士解释专业或者技术性的问题，他们很热心列出各种外行人很难看懂的公式、推导过程和专业术语，但普通读者大多看不明白，于是知乎大牛们总是气急败坏——"算了算了，我花了这么多功夫解释你们怎么还是听不懂，真笨！"

而真正有素养的人，懂得站在别人的角度理解问题，不会高高在上端着架子。因为他们明白术业有专攻，你这方面强，不代表另外方面厉害，别人这方面无知，不代表别的方面弱，所以他们能给予身边的人平等与尊重，这类人值得你深交。

[3]

细节，总是能折射出人性的闪光或晦暗，甄别出做人的基本质地。

和朋友约好时间一起去打球，到点了迟迟没有现身，打电话不接，过了20分钟发来一条短信"忘了提前说了，今天要去理发店剪头发，我们下次再约吧。"

下个月他再来找你约周末时间去打球，你还欣然答应？

一个不守时的人很难确保做别的事情会积极肯干，因为他不珍惜时间也没有重视双方在约定时间内要做的事情，骨子里太过散漫；

同样地，一个总是打断别人谈话还固执己见的人，在与人相处合作中也不会得到欢迎，因为只有时刻保持谦虚，才能取长补短，不断进步；

……

只要我们注意观察，很多细节都可以暴露出这些人的素养有问题，我们应该趁早认清，果断远离。

一个值得深交的朋友，一定是有一些优秀闪光的品质吸引着你向他学习，例如懂得关心家人，常怀感恩之心，懂得站在别人的角度理解问题，遵守时间约定，等等。

而为了和优秀的他们成为朋友，我们自己也要努力成为这种人，成为更好的自己。

{ 努力多一点，自信也会多一点 }

西西拿着BEC高级的证书跟我说："我准备去一个还算比较有名的外企工作了。"

西西是一个把大学前两年的时间都用来宅在宿舍追完一部又一部电视剧的宅女，并且她认为追剧的数量代表着她在电视剧行业的成就，因此除了吃饭睡觉和专业课，电视剧的播放几乎没有暂停过。

直到突然有一天西西发了一个微博：今天开始我要努力了。附带着BEC考试必备书籍的全套照片。

当然，我也看到了微博下面的评论：

"呦，你不看电视剧了？""你也开始学习了？""直接就来BEC高级，你确定？"

西西没有理会这些质疑，而是开始每天"教室—食堂—宿舍"的三点一线生活。

时间一长，一些平时跟西西相处还算近的朋友说："叫她干嘛，人家是要做学霸的，人家怎么会有空跟我们玩。"一些班级中成绩不算好也不算差的同学说："你看她现在分享的微博都是英语，好像只有她是出身英语专业似的。"

西西依然每天走在校园中固定的小路上，按照自己的计划和安排准备着考试，当然，她之前追美剧而潜移默化的语感加上快要一年的刻苦努力，最终还是拿到了BEC高级通过的证书。

不过，就算是她通过自己的努力与勤奋得来这张证书的，担背后我还是听到了一些别的声音：

"人家现在可是学霸了，高级证书都随随便便就拿到了。""人家本来就聪明，要是我，努力一辈子也考不到。""我从来没看出来原来你这么厉害呢。"

这是两年前我一个朋友的故事，后来这些在背后总盯着评论她的人因为找到了下一个目标，于是转移战场去"攻击"一个看起来高高瘦瘦的姑娘，听说是因为这位姑娘最近喷着一款牌子还不错的香水。

我们的身边总会遇到这样的人，他们害怕自己的付出得不到收获，还不愿意面对别人的努力，比起自己因为努力而失败，更害怕别人通过努力而成功。

只是因为他愿意承认我们开始是站在同一条起跑线，却不愿意面对最终赢得了比赛却是你的现实。

他们害怕失败，还没开始努力就害怕最后的结果是失败，害怕自己也会变成别人眼中嘲笑的对象，害怕自己下定决心还是会三分热度的半途而废，害怕说好的一起努力，为什么你就比我取得了更大的收获？

所以他们开始敷衍自己，反正辛辛苦苦付出也不一定会换来好结果，就好像一个全副武装准备好战斗的战士想帅气地披荆斩棘却被敌人打得落花流水一样，这样多丢人，那还是不要去尝试了，至少不会颜面扫地吧。

终于，他们这种不敢面对，不愿意相信自己的心理变成了不愿意相信别人的心理：

凭什么你努力你就可以成功？

凭什么你过得比我好？

凭什么明明我们是一同起步，你却比我优秀了这么多？

我要盯着你，好看到你也会失败。

自卑容易让人嫉妒，嫉妒容易让人盲目。他们看不到自己落差在哪里，也看不到你取得成就所走过的路，他们一厢情愿地认为，你得到的一切都是运气好有天赋，而自己只是没有那个福分，他们用嘲笑的方式来拼命掩饰自己内心的自卑感。

嫉妒总是狭隘的，因为它总会发生在与你条件相当的人身上。

于是，在他们的世界里，你不能穿高档的衣服，不能挎名牌的包包，不能取得比他们优秀的成绩，不能赚比他们更多的钱，不能在任何领域领先他们。

其实，他们也不过是想从谈论你，获得那么一点存在感而已。

世上的人千姿百态，我们总会遇到觉得奇怪的人，每逢此时我都会用一句话来安慰自己——你要相信，你在生命里遇到的每个人，都有他的价值和意义。

如果你是那个为自己的坚持依然执着的人，不要理会他人的质疑，按照你的目标继续下去，因为不论羡慕还是嫉妒都是另一种对你的肯定，因此，你没必要为了获得他人的认同而停下脚步。路途遥远，也总有与你谈得来的朋友伴你一起走。

如果你是那个有点小自卑的人，不妨试着相信自己一次，给自己一点鼓励，去追随你的理想而赋予行动，把用来遥望别人的时间铺成超越别人的路。也许，努力依然不一定成功，但在努力的过程中，你总会收获到不一样的自己。

{ 别为了自黑
而自黑 }

　　毕竟，自黑不过是一种人际关系润滑剂而已，它决定不了别人是否喜欢你，但自黑多了倒是有可能真的对自己都喜欢不起来了。

　　我最爱的美剧是《老友记》，最爱的角色是菲比，她虽然奇怪但却真实风趣，几乎没人会讨厌身边有一位这样的朋友。菲比式的幽默可能是刻在骨子里的，大多数人学不来，但幽默绝对是人际关系的润滑剂，这些年润滑剂渐渐出现了新形式，叫自黑。

　　跟擅长自黑的人在一起会感觉很轻松，他们既能用有趣的方式化解尴尬，也不伤及他人，他们不端架子，也不玻璃心，跟这样的朋友在一起互相调侃，的确为生活增添了不少乐趣。

　　我也是个自黑小能手，上次参加语音授课的活动，对方想让我开场前唱首歌。讲真，我唱歌太一般，不想露怯，但对方盛情难却，也不好过于严肃地拒绝，于是我开启了自黑模式，"我唱歌，就相当于在清场，大家都吓跑了，没人来听课啦。"用自黑的方式既给自己打了圆场，也给对方退路，毕竟是为了听课效果考虑，谁也不想出现什么闪失。

　　能利用好自黑式幽默的人，情商都比较高。幽默有很多种，有人爱拿大家耳熟能详的明星或者公众人物开涮，有人会用特殊联想对接一个更新鲜逗趣的话题，有人喜欢拿身边的朋友调侃，有人喜欢简单直接地讲笑话和段子，但

不要忘了让自己修身养性

279

这些幽默方式如果使用不当很容易影射到他人或者因跟他人看法相左引起争端。自黑却能避免这样的问题，放低自己的身段，拉近关系，即便是嘲讽也是指向自己，说不定还在无形中抬高了他人。

自黑有很多妙处，但它绝不仅仅只是一种人际沟通的方式而已，自黑背后能透露内心的真实声音。

有人说喜欢自黑的人自信又内心开阔，我觉得确有这样的可能。有人因自卑担心暴露自己的缺点，更倾向于展现自己好的方面，而自信的人不会因为某一个特质的瑕疵而改变对自己的看法，即便是主动向别人坦露，也能轻松处之，从这个角度来说自黑的人更有可能来自自信的群体。

但这并不是全部。

从某种程度上来说，这种自爆"黑点"的行为是一种坦露，但这种坦露有时也是一种自我保护。担心被他人戳中痛处，不如先自我揭露，既然已经公之于众，就是在说明"我有自知之明"，而他人便不忍心再次揭短，对自黑过的人大家总是会更多包容和怜爱，哪怕心中有千言万语，也是没办法对一个"自我检讨"过的人不依不饶了。

再则，这种保护还体现在它帮我们躲避了糟糕结果所带来的心理压力和内疚感。有个身材微胖的姑娘总是自黑说自己是个大胖子，不会有人要，孤独一生，朋友要帮他介绍相亲对象，她不问对方是个什么样的人就先自黑，论调依旧，"我太胖，对方如果不是唐明皇，没戏"。相亲无果，想必跟微胖姑娘料想的一样，因为在见面前就已经合理化了相亲失败这件事，并为之找到了"确凿"的理由——胖，当真面对如此结果的时候，内心便不会有那么多波澜起伏。在糟糕结果出现之前自黑，是为自己的失败提前解围。

自黑是一种讨巧的自我保护，但如果自黑成为一种自动化的习惯，也会潜移默化影响着你的行为风格和自我认知。

有人会担心如果不能用自黑式幽默来让朋友开心，那么朋友可能便会不喜欢你。那些在KTV故意唱歌跑调夸张舞蹈让你捧腹的，那些扮丑拍照发朋友圈让你吐槽的，那些在饭局酒局上用各种时兴的嘲弄自己的，总是会在某时某刻博人一笑，当朋友们想起你，或许第一个就会想到你出色的自黑。你是人堆儿里的谐星，你的任务好像就是负责让大家开心，这就像是金·凯利严肃刻板了起来，有人一定给差评说不值得票价。当自黑从一种人际关系的润滑剂转变为一种不知不觉间的习惯性"取悦"或"讨喜"，自黑已经不再纯粹，而喜欢自黑的人一定也是痛苦的。

自黑的人总是自以为清楚地知道自己在做什么：不过是夸张放大自己的某个不算优秀的特质，再说上几句俏皮笑话而已，算不得什么了不得的大事。但渐渐地，不断重复的自黑部分像是逐渐融进了血液里，你对自己的认知会开始摇摆，对自己的评价一路走低，谎话说多了自己会信以为真，自黑多了会看不起自己。你以为自己很清醒，但你会渐渐看不清。

比起评价自黑的人是自信的人，我觉得他们更有可能是羞赧的、不愿显山露水的，也是脆弱的，因为害怕登高跌重，也担忧赞誉背后充斥诋毁，那不如就放低自己，用自黑降低别人对自己的期待，亦不再高看自己，甚至在一声比一声高的自黑当中渐渐失掉了再搏一把的勇气，不如就这样吧，不如就接受这个远不及完美的自己吧。

谈及此处，不免觉得习惯自黑的人有几分可怜。